정미연 지음

잘 키우고
싶어서

아이와 여행하는
중입니다

기후위기 시대에
꼭 필요한
여행 사교육
안내서

'여행'이라는 이름의
사교육

"보호구역 지정하라! 돌고래도 함께 살자!"

매년 7월 20일은 남방큰돌고래의 날이다. 이날 우리 가족은 직접 만든 피켓을 들고 구호를 외쳤다. 인생 첫 시위다.

제주남방큰돌고래는 한국에서 유일하게 제주도 연안에 서식하는 국제 보호종이다. 현재 120마리 정도가 살고 있는 것으로 파악되는데, 올 한 해에만 새끼 열 마리가 폐사했다. 무리에서 해마다 태어나는 개체가 열 마리 안팎인 것을 고려하면 이는 종 보존에 매우 위협적인 상황이라 할 수 있다.

이날 우리는 행사에 참여한 다른 시민들과 함께 남방큰돌고래가 자주 출몰하는 서귀포의 해안도로를 행진했다. 그로부터 두 달 뒤에는 제주 도심 한복판에서 진행된 기후정의 행진에 참여하며 아스팔트 위에 드러눕는 퍼포먼스를 함께하기도 했다.

나는 이 같은 활동에 꾸준히 동참하고 있지만 특정 환경단체의 활동가는 아니다. 오랫동안 여행업계에 종사하며 지속 가능한 여행을 고민하는 여행 전문가이자, 기후위기 시대에 직업의 비전과 안정성을 고민하는 직장인이며, 두 아이를 키우는 평범한 엄마다.

불과 몇 년 전만 해도 나는 별다른 문제의식 없이 돌고래 투어를 예약하고, 1년에 서너 차례 해외여행을 다니며, 온라인 쇼핑을 인생의 큰 낙으로 여기는 사람이었다. 그런 내게 어떤 변화가 생긴 걸까?

지금부터 풀어놓을 이야기는 우리 가족의 성장기다. 사실 이 여정은 예상치 못한 데서 시작되었다. 어느 날 아이의 '느림'을 발견하게 된 것이다. 2021년 초, 나는 3년간의 해외 파견근무를 마치고 한국에 돌아왔다. 해외에 있는 동안에는 남편이 육아를 전담한 터라(공무원인 남편은 남직원 최초로 3년 육아휴직을 신청해 주변 사람들을 놀라게 했다), 내가 아이들을 돌볼 차례였다. 원래 1년으로 계획했던 휴직이 아이의 치료 스케줄에 치여 2년 6개월로 늘어나면서 다시 돌아갈 수 있을지 고민도 많았는데, 다행히 직장에 복귀한 지도 벌써 1년 반이 되어간다. 그동안 우리 가족에게 '기적'이 일어났기 때문이다.

만 5세 7개월, 유치원 교사의 적극적인 권고로 방문한 병원에서 아들은 언어와 인지, 사회성 등 모든 영역의 발달이 2년 이상 늦다는 '발달지체' 판정을 받았다(당시 아이의 지능지수는 돌고래보다 30점쯤 낮았다). 발달심리평가 보고서에 찍힌 수많은 검사 결과는 나의 육아 자존감을 말 그대로 '박살' 냈다.

이듬해 아이는 특수반 소속 특수교육 대상자로 초등학교에 입학해

'여행'이라는 이름의 사교육

도움반과 일반반을 오가며 학교생활을 시작했다. 그 시기에 나는 교육학, 인지심리학, 부모 교육 등 다양한 분야의 책을 읽으며 아이의 성장에 대해 고민했다. 그러면서 인간에게 무한한 잠재력이 있음을 입증하는 새로운 뇌과학 이론을 접했고, 지능지수보다는 일상에서의 성취가 훨씬 중요하다는 사실을 깨달았다.

나는 지능이 높아지는 것보다 아이가 스스로 할 수 있는 일이 많아지는 것이 더 중요하다는 데 초점을 맞춰 성장 목표를 정했다. 또 아이가 좋아하는 일을 찾아 그 분야에서 할 수 있는 최고의 성취를 이뤄낼 수 있도록 믿고 격려해 주는 부모가 되기로 마음먹었다. 동시에 내가 가장 잘할 수 있는 '여행'이라는 영역에 학습을 접목해 아이에게 꼭 맞는 엄마표 학습 로드맵을 만들었다.

이 과정에서 나에게 영감을 준 사람은 다름 아닌 친동생이다. 20대 시절 나는 자폐성 장애를 가진 동생과 국내외로 여행을 자주 다녔는데, 그때마다 평소 나누기 힘들었던 깊은 대화를 나누면서 동생의 사회성이 조금씩 향상되는 모습을 볼 수 있었다.

아이의 성장 잠재력을 끌어올리기 위해서는 무엇보다 아이의 흥미와 관심을 알아채고 관심 분야에 푹 빠져 몰입할 수 있는 환경을 만들어줘야 한다. 우리 가족은 아이의 흥밋거리를 찾아 다양한 생물을 보러 다니다 자연스럽게 환경문제에 관심을 두게 되었다. 그러다 도저히 지나칠 수 없는 기후위기 상황에 맞닥뜨리면서 집게를 들고 바닷가 쓰레기를 줍기 시작했다.

프롤로그

이 과정에서 나는 세상을 바라보는 새로운 눈을 뜨게 되었다. 좋은 부모가 되고 싶어 시작한 활동이었는데 어느덧 좀 더 나은 세상을 만들기 위해 고민하고 노력하는 사람이 되어 있었다. 그 사이 아이에게도 놀라운 변화가 일어났다. 처음 발달 치료를 시작할 때 지능지수 정규분포상으로 1000명 중 맨 뒷줄에 있던 아이가 31번째 줄로 성큼 자리를 옮긴 것이다. 아이는 그렇게 특수교육 대상자를 '졸업'하고 3년간의 발달센터 수업을 마쳤다.

그동안 나는 발달지연 아동 부모들의 온라인 커뮤니티에서 '꼬부기는 진화 중'이라는 부캐로 활동하며 우리 가족의 성장기를 공유해왔다. 이름처럼 아이가 계속 '진화'하다 보니 많은 관심과 응원을 받고 있다. 우리 가정의 학습이나 놀이 방식을 시도해 보고 큰 도움을 받았다는 댓글이나 쪽지를 볼 때도 뿌듯하지만, 가장 흐뭇한 순간은 내 글을 읽으면 불안했던 마음이 가라앉고 힘이 난다는 피드백을 받을 때다. 가까운 가족에게도 받지 못했던 위로를 받았다거나 무기력한 상태에서 벗어나 도전하고 싶어졌다고 말해주는 고마운 이들이다.

낮은 출산율이 보여주듯 우리 사회에서 육아는 쉽지 않은 일인데, 느린 아이 양육은 그야말로 가시밭길이다. 나는 아이의 발달 문제를 처음 인식했을 때 모든 것이 내 잘못인 것 같아 몹시 불안하고 우울했다. 양육 방식에 확신도 없었다.

사실 정도의 차이가 있을 뿐 모든 부모는 불안해한다. 아이를 낳고

키울 결심은 포커 게임으로 따지면 결과를 예측할 수 없을 때 자신의 모든 것을 거는 '올인' 같은 일이기 때문이다. 이 게임에서 아이의 장애나 유전질환 유무, 크고 작은 사고의 가능성은 부모의 통제 범위를 벗어나 있으므로 부모는 본질적으로 불안해할 수밖에 없다.

사랑하는 자녀가 누구보다 행복하게 살기를 바라지만 미래는 늘 불확실하다. 그렇다면 어떻게 불안에서 벗어나 어떤 상황에서도 자기 자신을 잃지 않고 아이와 함께 행복하게 성장해 나갈 것인가. 나는 이 물음의 답을 내가 가장 좋아하는 일에서 찾았다.

우리 아이의 성장 키워드는 '발달 여행'이다. 세상에는 '발달 육아'나 '발달 놀이' 같은 표현은 있지만 발달 여행이라는 말은 아직 없다. 앞으로 더 많은 사례와 연구가 필요한 분야다. 내 이야기는 느린 학습자 카페에서 출발했지만, 지금부터 소개할 여행법은 모든 아이에게 보편적으로 적용할 수 있다(기어가던 아이를 걷고 뛰게 했으니 평범한 아이라면 날아오르게 되지 않을까). 무엇보다 부모와 아이가 함께 성장하는 방법이기도 하다. 그래서 나는 우리 가족의 특별한 여행법을 '여행 사교육'으로 이름 지었다.

부모라면 누구나 자기 아이가 멋진 어른으로 성장하기를 바란다. 그러나 아이의 대학 입시 결과가 부모의 성적표처럼 여겨지는 경쟁적 현실 앞에서, 많은 부모가 아이에 대한 사랑을 사교육비로 환산하고 있다. 사실 수십 년간 인생을 살아본 부모 세대는 이미 사회적 성공이나 행복이 성적순이 아니라는 것을 경험으로 안다. 심지어 예전에는 그나마 성적순으로 예측할 수 있었던 안정적인 길도 하나 둘 사라지고 있지 않은가.

미래에 아이들은 현 인류의 최대 과제인 '기후위기' 영향권 아래서 현재의 우리는 상상도 못 할 새로운 직업을 가지고 살아가게 될 것이다. 그렇다면 지금 아이들에게 필요한 교육은 무엇일까? 학교나 가정에서는 미래세대를 위해 충분한 교육적 지원을 하고 있을까? 여행 사교육은 바로 이런 고민에서 시작된 우리 집 자녀 교육 철학이자 배움의 여정이다.

여행이 진정한 '교육'이 되기 위해서는 조금 특별한 준비가 필요하다. 나는 아이의 느림을 인지하기 전에도 주말마다 아이들과 여행을 다녔다. 그렇지만 그 여행은 아이의 정서에 좋은 영향을 주는 데 그쳤을 뿐 아이의 발달에는 큰 도움이 되지 않았다. 어떤 차이가 있었던 걸까?

곰곰이 생각한 끝에 나는 효과적인 배움이 일어나기 위해서는 좀 더 구조화된 여행이 필요하다는 결론에 이르렀다. 즉, 여행의 학습 효과를 극대화하기 위해서는 책으로 배경지식을 쌓고(예습), 이를 기반으로 여행을 즐기며(현행), 글과 그림으로 여행을 기록하는 활동을 통해 경험을 재구성하는(복습) 일련의 과정이 수반되어야 한다는 것이다. 이는 일반적인 배움의 과정과 놀랍도록 닮아 있다.

사교육 공화국인 대한민국에서 어지간한 과목들은 '외주'를 줄 수

'여행'이라는 이름의 사교육

있지만, 여행은 외주가 불가능한 영역이다. 공교육에서 체험학습이나 수학여행이라는 이름으로 행해지는 단체 여행과 여행사의 패키지 여행 상품은 아이의 흥미와 수준에 꼭 맞는 경험을 제공해 주기 어렵다. 가정에서 여행 사교육이 꼭 필요한 이유다.

부디 내 이야기가 기후위기 시대에 지속 가능한 육아와 교육을 고민하는 분들에게 길잡이가 되기를 바라며 우리 가정의 여행 사교육 핵심 노하우를 꼼꼼히 준비했다. 입문편에는 나의 여행 철학과 더불어 지속 가능한 여행으로 아이와 행복하게 성장하는 비법을, 실전편에는 간접 체험(독서)과 직접 체험(여행)을 결합한 새로운 교육을, 심화편에는 여행을 통한 환경교육 방법을 담았다. 집에서 출발해 대한민국 구석구석 숨겨진 보석 같은 여행지를 거쳐 지구 반대편인 서유럽으로 떠나는 여정이다.

육아는 기본적으로 한 아이가 독립된 성인으로 성장할 때까지 함께 시간을 보내는 일이다. 육아의 본질을 '시간'으로 본다면 사교육은 돈보다 시간의 문제고 이 책은 한정된 자원을 활용하는 방법에 관한 이야기다.

먹이고 재우고 씻기고… 끝나지 않을 것만 같던 아이의 영아기가 눈 깜짝할 사이에 지나가 버렸다. 아이와 함께하는 시간은 생각보다 더 빠르게 지나갈 것이고, 그 시간이 쌓여 아이는 어른이 된다. 영어와 수학 사이에 행복한 대화의 기억과 흥미로운 모험의 순간 그리고 따뜻한 사랑을 겹겹이 채워 넣을 수 있다면, 우리 아이들은 잘 자라날 것이다.

우리의 육아가 더 빨리 달려야 하는 경주가 아니라
느긋하고 편안한 여행이 되기를 꿈꾸며.

2024년 겨울,

정미연

                                      '여행'이라는 이름의 사교육

잘 키우고
싶어서

아이와여행하는
중입니다

Part 1

입문편

여행은 최고의
사교육이다

이제 초등학교 3학년이 된 아들은 동물 이야기를 할 때는 천재 같다가도 새로운 수학 개념을 배울 때면 내 속을 다 뒤집어놓는다. 그러다가도 문득문득 크고 작은 어려움을 훌쩍 뛰어넘는 성장을 보여주어 나를 눈물짓게 만드는 아이다. 평범하게 잘 자라고 있다는 말이다. 나는 혹여 아들이 나중에 노벨상이라도 받으면 기념관에 전시해 두려고 아이가 그린 낙서 하나 버리지 못하고 모아두는 '도치맘'이다. 만 5세 때부터 1년 간격으로 세 번이나 받았던 종합심리검사('Full-Battery'라고도 하며, 웩슬러 지능·다면적 인성·자폐성평정척도 검사가 포함된다)와 반기별 언어 평가 결과지도 차곡차곡 모아 두었다. 훗날 액자에 넣어 기념관 한편에 걸어두면 많은 사람들에게 희망이 되지 않을까.

아들의 성장 일화는 너무 극적이어서 가끔 나조차도 예전에 쓴 글을 읽고 깜짝 놀랄 때가 있다. 아이의 변화는 하루아침에 일어난 일이 아니다. 처음에는 열을 가르쳐도 하나를 겨우 받아들였다. 그랬던 아이가 조금씩 새로운 것을 배우는 데 가속도가 붙으면서 또래와의 격차를 점차 좁혀가기 시작했다. 그 변화의 중심에는 '여행'이 있다.

발달지연 아동에 관한 정보를 공유하는 맘카페에서는 여행을 다녀온 다음 아이 상태가 좋아졌다는 이야기가 자주 나온다. 아이의 언어나 상호작용 능력이 눈에 띄게 향상되었다는 것이다. 이런 변화를 경험하고는 아예 제주도나 강원도 등 자연과 가까운 곳으로 한 달살이를 떠나는 엄마들도 꽤 있다. 도대체 여행의 무엇이 아이들을 성장시키는 것일까?

교육 전문가들 사이에서는 여행을 바라보는 시선이 양쪽으로 갈린다. 대개 여행 다닐 곳 다 다니면 공부를 잘할 수 없다거나 잘 쉬어야 공부도 잘하게 된다는 의견으로 나뉘는데, 사실 여행은 공부의 반대편에 있는 개념이 아니며 단순히 공부만을 위한 재충전의 시간도 아니다. 아이의 발달에 필요한 과정이다. 아이들은 관심사를 발견했을 때 가장 적극적으로 몰입하며 성장하는데, 이러한 성장을 가장 효과적으로 이루는 방법이 바로 여행이기 때문이다. 여행을 대하는 관점과 접근 방식을 바꾸는 순간 전혀 다른 차원의 여행을 시작하게 될 것이다.

여행은 최고의 사교육이다

입문편

나 홀로 여행자에서
아이와 함께 여행하는 엄마로

"엄마는 무슨 일을 해?"

어느 날 아이가 학교에서 주변 어른들의 직업을 조사하는 숙제를 내주었다며 첫 인터뷰 상대로 나를 지목했다. 음… 엄마가 다니는 회사와 직책까지 꿰고 있는 아이가 지금 하는 질문은 단순히 일에 관한 것이 아니리라. 그렇다! 녀석은 나의 '업業'이 무엇인지를 묻고 있다.

나는 여행업계 18년 차 직장인이다. 주로 국제관광 업무를 해왔고, 새로운 여행을 기획하고 홍보하는 일을 좋아한다. 업무상 여행객을 직접 만나는 경우보다 해외 여행업계나 언론매체 관계자를 위한 일정을 기획할 때가 많다. 이렇게 기획된 신규 코스는 여행사의 상품화 작업을 거쳐 단체 관광객의 방문지가 되거나 글이나 영상을 통해 대중에게 새로운 여행지로 소개된다.

우리 가족에게 여행은 일상이다. 두 아이가 태어난 뒤부터 나는 아이들과 함께 주말마다 여행을 다녔다. 특별히 아이가 좋아할 만한

여행은 최고의 사교육이다

여행지만 찾아다닌 건 아니다. 아이들이 어릴 때는 주로 내 기분 전환을 위한 장소를 선정했다. 그래도 아이들은 어디서든 좋아하는 것을 귀신같이 찾아냈다. 어디를 가든 좀 더 여유롭게 일정을 잡는다면 아이와 함께하는 여행은 모두에게 만족스러울 수 있다. 아이들이 발밑을 지나가는 개미 떼에게 30분 넘게 사로잡혀 있어도 재촉하지 않을 정도의 여유가 필요하다는 뜻이다.

내 경험상 아이들은 집 안보다 밖에서 훨씬 협조가 잘되고, 더 많은 것을 보고 배운다. 낯선 곳에서는 주변을 경계하고 자신을 보호해 줄 대상에게 의지하게 되는 호모사피엔스의 본능과도 같은 것이리라. 우리 집 아이들에게 여행은 언제나 설레는 이벤트다. 잠이 많은 아들도 여행 가는 날이면 새벽부터 눈을 번쩍 뜨고, 집순이인 딸도 여행 얘기를 꺼내면 두말하지 않고 따라나선다. 여행에 대한 즐거운 기억이 가득하기 때문이다.

그런데 정작 나는 어린 시절 부모님과 함께 여행을 가본 경험이 거의 없다. 우리 가족의 여행은 1년에 한 번 정도 근처 계곡에서 물놀이하고 돌아오는 당일치기 나들이를 벗어나지 못했다. 유일하게 좀 멀리 가본 곳이 설악산이다. 그런데도 그 시절 여행의 몇 장면은 아주 생생하다. 설악산에서 엄마를 한참 조른 끝에 얻은 장난감 카메라라든지, 휘황찬란한 서울 야경을 내려다보며 남산 꼭대기에서 먹었던 돈가스 같은 것 말이다. 그날의 크림수프와 돈가스의 맛은 지금도 내 기억에 남아 있다.

나의 첫 해외 여행지는 대학 새내기였던 2002년 여름방학에 단기

연수로 간 중국이다. 그리고 2년 후 어학연수로 다시 중국을 방문하면서 본격적으로 여행에 눈을 뜨게 되었다. 몹시 가물고 뜨거웠던 2004년 여름, 나는 어학원 방학을 맞아 가이드북 하나만 달랑 들고 실크로드를 횡단하기로 마음먹었다. 첫 '혼행'으로 베이징에서 시안, 둔황, 투루판, 우루무치를 거쳐 신장 웨이우얼 자치구 최북단의 카나스 호수까지 가는 한 달간의 여정을 계획했으니, 지금 생각해도 참 호기로운 결정이었다.

당시에는 사전 정보가 거의 없어 일정이 어긋난 적이 많았지만, 예상치 못한 놀라운 경험도 많이 했다. 온라인 예약시스템도 없던 때라 대부분 현지에 도착해서 숙소를 정하고, 기차나 숙소에서 만난 여행객들로부터 정보를 얻었다.

도시 간 이동은 기차를 이용했다. 짧게는 몇 시간 길게는 48시간 동안 기차를 타다 보면 창밖으로 누런빛의 황하강과 크고 작은 도시들이 지나가고, 초목이 점점 사라지다가 사막처럼 황량한 풍경이 몇 시간씩 이어지곤 했다. 돌이켜보면 여행 중 수많은 반짝이는 것들을 보고 듣고 경험했지만, 가장 기억에 남는 것은 여행지에서 만난 '사람들'이다. 홀로 떠난 여행이었으나 여행 내내 나는 혼자가 아니었다.

첫 목적지였던 시안 대안탑에서 서로 사진을 찍어주다 이야기를 나누게 된 아주머니는 자신을 '샤강공런(下崗工人, 회사 구조조정으로 일자리를 잃은 노동자)'이라고 소개했다. 함께 점심을 먹고 헤어지는 길에 그는 여행 내내 평안하기를 바란다며 옥으로 만든 목걸이를

여행은 최고의 사교육이다

내게 선물했다. 그로부터 몇 달 뒤 장시성 난창에 있는 그의 집에서 며칠 묵으며 세계자연유산인 뤼산을 함께 보러 가기도 했으니 참 귀한 인연이다.

시안에서 둔황으로 가는 기차에서는 우연히 유럽에서 온 사막 연구팀과 안면을 트게 되어 함께 지프차를 타고 타클라마칸 사막을 횡단하는 행운을 누렸다. 같은 기차에서 만난 홍콩 친구와는 통역을 해준 인연으로 친해져 이후 여행길 내내 동행했다.

여름방학을 보내고 어학원에 돌아왔을 때 나는 같은 반 누구보다도 중국어를 유창하게 구사하게 되었을 뿐 아니라 중국의 다양한 사회 문제에도 관심을 가지게 되었다. 나의 성장에 크고 작은 도움을 주었던 그 여행은 내 인생의 터닝 포인트였다. 어학연수를 마치고 3학년으로 복학하면서 복수전공으로 문화관광학을 선택했고, 연이어 중국에서 관광경영학을 공부해 석사학위를 받았으니 말이다.

돌아보니 20대 내내 참 많은 곳을 누비고 다녔다. 마음에 드는 곳은 여러 번 방문했고 한 번에 많은 곳을 가기보단 한곳을 깊이 들여다보기를 좋아했다. 그러나 뜻밖에도 나는 엄마가 되고서야 여행의 진정한 '맛'을 알게 되었다. 이전에는 휴가철을 앞두고 해외 항공권을 검색하는 낙으로 살았는데, 아이와 함께 여행을 시작하면서는 국내 여행의 매력에 눈을 떴다.

아이를 키운다는 건 유년 시절의 나를 다시 한번 마주하는 과정이다. 아이들은 길가의 꽃이며 나무며 새의 이름을 끊임없이 궁금해했다. 어른이 된 내가 무심코 지나쳐온 풍경들을 새롭게 발견하게

해 주었다. 아이들과 함께면 주변 시선에 아랑곳하지 않고 비눗방울을 불며 뛰놀 수 있었고, 계곡과 바다를 누비며 해양생물을 관찰할 수 있었다. 어린 시절 여행을 동경했던 작은 아이는 여행지에서 재밌게 노는 어른이 되었다.

"엄마는 무슨 일을 해?"

아이에게 질문을 받은 그날, 나는 내 직업을 '누군가를 행복하게 해 주는 일'로 정의 내렸다. 우리는 일상을 벗어나 새로운 곳에 가기를 꿈꾼다. 힘든 현실로부터의 도피든 가족이나 친구와 소중한 추억을 쌓고 싶은 소망이든, 여행의 동기는 달라도 여행의 목적은 결국 '행복'이다. 그런 점에서 사람들이 즐겁게 여행할 수 있게 새로운 여행지를 추천하고 이벤트를 기획하는 나의 업무는 결국 누군가에게 행복을 주는 일이 아닐까. 우리 가족의 여행 이야기를 통해 더 많은 가정에서 여행의 즐거움을 재발견하고 아이와 함께 성장하며 행복한 시간을 보냈으면 좋겠다.

진짜 공부를 위한
여행의 기술

        대학 졸업 후 관광통역안내사 자격증을 따고 여행사에서 중국 전문 여행 인솔자로 일할 때다. 당시 나는 3박 4일 혹은 4박 5일 여정으로 베이징과 상하이, 장자제 등지를 자주 다녔다. 패키지여행 일정은 대동소이해서 평균 한 달에 두세 번쯤 같은 여행지를 방문한다.

그렇게 같은 장소를 열 번 정도 방문했을 때 흥미로운 사실을 깨달았다. 같은 곳이라도 어떤 가이드를 만나는지에 따라 여행의 만족도가 달라지고 심지어는 쇼핑 실적도 큰 차이가 났다. 베테랑 가이드는 이동하는 버스 안에서 멘트 하나도 허투루 하지 않는다. 흥미 위주 이야기로 시작하는 듯하지만 다음 목적지 정보를 한 겹씩 정교하게 깔아준다. 목적지마다 명확한 테마가 있고 한국의 역사나 문화와 연결되는 내용이 있으면 같이 설명해 주며 꼭 봐야 하는 것을 일타강사처럼 콕 집어 소개한다. 베테랑 가이드와 함께한 날에는 열댓 번쯤 방문한 만리장성에서도 새로운 발견을 했으니 정말

여행은 최고의 사교육이다

아는 만큼 보이는 법이다. 이처럼 세심하게 기획된 여행에는 놀라운 힘이 있다.

엉덩이를 움직일 때
진짜 공부가 시작된다

우리 집은 여행 준비를 책장에서 시작한다. 아이들이 초등학교에 입학한 이후 나는 매년 학기 초마다 주요 과목 교과서를 따로 구입한다. 요즘 학교에서 무엇을 배우는지 한번 훑어보고, 최근 아이들이 흥미롭게 읽었던 책들도 다시 한번 곱씹어 본다. 여행 전 일종의 영감을 얻는 과정이다.

아이가 학교에서 다양한 마을의 모습을 배울 시기가 되면 가까운 농어촌이나 산촌으로의 여행을 계획한다. 여행하면서 슬쩍 학교에서 배우는 내용에 관련한 어휘나 개념을 하나씩 짚어준다. 아이는 교과서를 펼쳐보기 전에 여행을 통해 수업 내용을 자연스럽게 예습하는 셈이다.

나는 여행 계획을 짤 때 여행의 큰 주제를 설정해 두는 편이다. 일종의 직업병인데 이를테면 2년 전 속초 여행의 키워드는 '실향민'이었다. 속초는 원주민의 70퍼센트가 한국전쟁으로 월남한 실향민으로 이루어진 도시이기 때문이다.

입문편

속초로 떠나기 전 아이들과 그림책 두 권을 함께 읽었다. 먼저 읽은 서진선 작가의 《엄마에게》는 한국전쟁 당시 월남하면서 엄마와 이별하게 된 아이가 평생 엄마를 그리워하는 이야기를 담고 있다. 공교롭게도 이 책의 화자인 아이는 초등학교 2학년 1학기 국어 교과서 수록 도서 《선생님, 바보 의사 선생님》에 등장하는 장기려 박사의 아들이다. 책을 읽다 보면 자연스럽게 한국전쟁이 무엇인지, 실향민이 어떤 사람들인지, 나아가 전쟁 난민 문제에 이르기까지 폭넓은 이야기를 나눌 수 있다.

두 번째 책은 설악산에 얽힌 재미있는 전설을 소개하는 《울산에 없는 울산바위》다. 금강산 봉우리가 되고 싶어 북쪽으로 올라가던 울산바위가 설악산에 자리 잡는다는 내용이다. 도대체 두 산이 얼마나 가깝기에 이런 이야기가 나왔을까? 지도를 살펴보니 금강산과 설악산은 같은 태백산맥 자락에 있고 거리는 불과 40킬로미터 정도밖에 안 된다. 아이들은 지도를 보면서 동물들은 삼팔선을 자유롭게 넘나들 수 있는지, 통일이 되어 삼팔선이 없어지면 어떤 일이 벌어질지 궁금해했다. 그러고 보니 이거야말로 지리와 역사부터 정치 문제까지 한 번에 다루는 융합형 교육 아닌가.

게다가 교과서에 나오는 내용도 자연스레 접하게 된다. 속초에서 우리는 맨 먼저 아바이마을을 방문했다. 초등학교 3학년 사회 시간에는 지역 환경에 따른 교통수단에 대해 배우는데, 아바이마을의 '갯배'가 예시로 등장한다(갯배는 사람이 직접 줄을 당겨 이동하는 무동력 형태의 배로, 아이들이 직접 줄을 당겨보는 체험도 할 수 있다). 중앙동에서

여행은 최고의 사교육이다

갯배를 타고 아바이마을로 건너가면 그곳 특산물인 아바이순대와 오징어순대를 맛볼 수 있는데, 순대를 먹으며 그동안 여행한 다양한 지역의 특산물에 관한 이야기를 나눴다. 초등학교 4학년 사회 시간에 배우는 지역별 특산물과 자연스럽게 연결되는 주제다.

학원비 줄여
여행 가기

가족 여행을 가면 나는 가이드가 아니라 여행 인솔자의 역할만 한다. 안전 관리, 일정 조율 정도만 한다는 말이다. 여행은 나에게도 소중한 휴식과 재충전의 기회이니 여행지에서 필요 이상의 일은 하지 않는 것이 내 나름의 철칙이다. 가이드 역할은 책이 대신 한다. 보통 여행지가 정해지면 이에 관한 그림책을 찾아 아이들과 함께 본다. 그러면 아이들은 사전에 책을 통해 쌓은 배경지식을 기반으로 각자의 눈높이와 관심사에 따라 여행을 즐긴다.

그렇다고 우리의 여행이 '교육적인' 일정으로만 차 있는 것은 아니다. 여행의 진짜 재미는 계획되지 않은 우연한 이벤트에서 나온다. 속초 아바이마을에서 순대를 먹은 날 우리는 소화도 시킬 겸 발 닿는 대로 걷다가 해수욕장에 이르렀다. 거기서 아들은 맨손으로 복섬을 잡는 데 성공했다. 복섬은 참복과의 가장 작은 물고기인데, 독성이 있고 손질이 힘들어 낚시꾼들이 싫어하는 물고기다. 이 녀석은 툭 건드리면 배를 빵빵하게 부풀리고 잔가시를 세우며 물에 둥둥 뜬다. 그 틈을 놓치지 않고 아이가 고사리 같은 손으로 복섬을 잡은 것이다. 과연 이보다 더 좋은 생물 관찰 커리큘럼을 갖춘 학원이 있을까?

지금 초등학교 3학년, 5학년인 두 아이는 학습 관련 학원에 다니지 않는다. 대신 하교 후 내가 퇴근하기까지 네 시간 가까이 시간이 뜨기 때문에 보육 차원에서 예체능 학원 두 곳을 주 5일 고정으로 보낸다. 나머지 시간에는 영어 학습을 위해 매일 30분씩 영어 영상을 보고 영어 그림책을 읽는다. 수학은 학교 진도에 맞춰 공부할 교과 수학 교재와 연산 교재를 한 권씩 정해 매일 조금씩 풀고, 주 1회 방문수업을 받는다. 매월 사교육비 지출은 대한민국 평균이라는 55만 3000원보다 살짝 낮은 수준이다.

언젠가 큰아이가 사촌 동생이 다니는 영어 학원에 관심을 보였을 때, 나는 아이와 함께 계산기를 두드려보았다. 주 3회 35만 원, 1년이면 420만 원이다(교재비와 셔틀 버스비를 포함하면 450만 원이 넘을 것이다). 우리 가족의 여행 경비를 떠올려보았다. 지난겨울 보름간의 필리핀 여행 총경비는 400만 원이었고, 지난여름 25일간의 서유럽 여행에는 1200만 원이 들었다. 두 번의 여행을 합쳐 1인당 경비를 계산해 보면 533만 원이다. 적지 않은 지출이지만, 사실 영어 학원 하나만 줄여도 1년에 한 번 한 달간 유럽 여행이 가능하다는 결론에 이른다. 그래서 우리는 지금처럼 집에서 스스로 영어 공부를 하고,

여행은 최고의 사교육이다

그 돈을 모아 또다시 여행을 계획해 보기로 의기투합했다.

교과 중심의 사교육이 이른바 '묻지마 투자'라면 여행은 결과와 보상이 확실한 투자다. 사교육의 효과는 측정하기 어렵지만, 여행의 결과는 '가족의 추억'이라는 확실한 형태로 남는다. 게다가 여행 준비에 조금만 시간과 노력을 쏟는다면 여행에서 얻을 수 있는 학습 효과는 그야말로 무궁무진하다.

여행을 통해 관심사 발견하고
확장하기

가족들 사이에서 내 별명은 '여행 전문'이다. 친정이나 시댁 식구 모두 나와 함께하는 여행은 훨씬 즐겁고 편안하다고 입을 모은다. 여행에서 인솔자의 역할은 코치와 비슷하다. 늘 날씨와 신체 컨디션 등 변수가 있기 때문에 현장에서 적절한 완급 조절이 필요하다. 상황에 따라선 일정을 살짝만 조정해 줘도 여행의 재미가 두 배로 살아난다.

여행은 장소를 정하는 데서 시작된다. 내가 여행지를 고를 때 가장 중요하게 생각하는 것은 아이들의 관심사다(아이가 한창 새에 빠져 있을 때는 탐조 여행을 다녔고, 재작년부터는 해양생물 채집과 관찰을 위해 바다에 자주 간다). 일단 여행지를 정하고 나면 어딜 가나 산과 유적이 있고 중심지와 시장도 있어서 그 안에서 얼마든지 교육적으로 엮을 부분을 찾을 수 있다.

아이에게 특별한 관심 분야가 없다면 함께 여행지를 정하는 것도 좋은 방법이다. 우리 가족은 거실에 커다란 우리나라 지도 벽보를 붙여놓고 자주 들여다본다. 아이들을 위한 테마별 여행 지도책도 여러 권 있어서 함께 도시별 여행 계획을 세워보기도 한다. 지방 소도시의 경우 시중에서 여행 지도를 구하기 쉽지 않으므로 현지에 도착하면 관광 안내소에서 자료를 찾아본다. 그런 다음 아이와 함께 지도를 펼쳐 그날 다녀온 곳에 동그라미를 치거나 스티커를 붙여 표시하면서 여행을 기록하고 다음 날의 계획을 세운다.

관심사를 따라 여행하기도 하지만, 여행을 통해 새로운 관심사가 생겨나기도 한다. 아이 마음에 호기심의 씨앗이 움텄다면 그 관심이 쑥쑥 커갈 수 있게 관련 서적과 새로운 여행지로 물과 거름을 주자.

작은아이는 어느 날 여행을 마치고 돌아오는 차 안에서 하늘을 까맣게 뒤덮을 만큼 많은 철새 떼를 보고 새에 관심을 가지게 되었다. 거기서 끝났다면 그저 작은 감상에 그쳤을지도 모른다. 우리는 함께 새에 관한 책을 찾아보고, 그 철새가 어떤 종류였을지 궁금해하며 탐조 여행을 떠났다. 그런 과정을 반복하다 보면 아이의 관심사가 자연스레 확장된다. 큰아이는 바닷가의 돌을 관찰하며 예쁜 돌을 줍다가 지질과 암석의 세계에 눈을 떴고 '반려돌'을 수집하는 취미를 갖게 되었다.

여행은 최고의 사교육이다

여행지가 정해지면 본격적으로 일정을 계획한다. 일정을 짤 때 연령대 고려는 필수다. 이를테면 영유아, 특히 만 3세 미만 아이들에게 박물관처럼 본격적인 학습 관련 여행지는 적합하지 않다. 우리도 둘째가 초등학교 1학년이 되어서야 박물관이나 역사 유적지를 방문하기 시작했고, 그전까지는 주로 산으로 바다로 자연을 벗 삼아 뛰놀았다.

요즘은 어린이를 위한 체험형 전시가 많아지는 추세지만, 이 역시 먼저 아이의 인지 수준과 관심거리를 고려해야 한다. 날씨가 좋지 않으면 박물관이나 미술관, 키즈 카페 등 실내 장소도 괜찮은 선택이다. 미취학 아이와 함께하는 여행은 배움의 목적보다는 즐겁게 시간을 보낸다는 정도의 가벼운 마음으로 접근하는 게 좋다. 그 시기의 여행경험은 구체적인 기억보다는 좋은 정서로 남는다.

아이가 초등학교에 입학하면 본격적으로 '교육 여행'의 황금기가 시작된다. 이 시기 아이들은 충만한 지적 호기심과 지치지 않는 체력, 스펀지 같은 흡수력을 갖춘 이상적인 여행 동반자다. 학령기 아이들과의 여행은 교과서 속에 답이 있다. 교과서의 구체적 내용과 학습 목표까지 숙지하면 더욱 좋겠지만, 단원별 목차만 알아도 여행지 선정에 큰 도움이 된다.

초등학교 3학년이 되면 사회와 과학이 기존 통합교과에서 분리되면서 교과서의 가짓수와 분량이 대폭 늘어난다. 가뜩이나 아이들의 학습 부담이 커지는 이때 과목별 문제집을 들이대는 우를 범하지 말자. 학문에는 왕도가 없다지만 적어도 사회·과학 학습에는 '잘

짜인 여행'이라는 지름길이 존재한다.

초등학교 교육과정에서 사회와 과학은 주로 일상생활과 밀접한 사회현상과 역사적 사실 그리고 자연현상 등을 다룬다. 여행은 이 같은 내용에 필요한 배경지식을 쌓는 데 큰 도움이 되며 아이들의 학습 동기를 높여준다.

지난해 가을 사천 여행길에서 우리는 숙소 근처 자혜리의 갯지렁이 화석을 보고 왔다. 약 1억 년 전 중생대 전기 백악기 시대의 갯지렁이 화석이 평소에는 바다에 잠겨 있다가 썰물 때만 모습을 드러내는 곳이다. 당시 큰아이는 학교에서 화석과 지층 단원을 배우고 있었는데, 눈앞에서 직접 관찰하고 만져볼 수 있는 화석을 처음 접하곤 몹시 흥분했다. 신이 나서 근처 지층의 암석도 관찰하고 동생에게 암석 종류를 설명해 주며 퀴즈를 내기도 했다.

교과서와 문제집을 통해 무작정 외우고 익힌 지식은 손안의 모래처럼 금세 빠져나가지만, 경험으로 얻은 내용은 머리에 오래 남는다. 아이들은 여행을 통해 세상을 더 넓고 깊게 알아가고 가족과의 추억과 유대감을 쌓으며 성장해 갈 것이다.

신新 그랜드 투어리스트의
탄생

　　여행의 교육적 기능은 오랜 역사를 통해서도 입증된 바 있다. 사실 근대의 여행은 사교육의 목적으로 시작되었다. 18세기 영국의 대학은 시대 트렌드를 따르지 못하는 교육과정으로 학생과 학부모에게 외면받았고, 대학에 가는 대신 해외로 떠나 여행자를 위한 교육기관인 아카데미에서 공부하는 것이 상류층을 중심으로 유행처럼 번졌다. 이른바 '그랜드 투어Grand Tour'가 탄생한 배경이다.[1]

그랜드 투어는 당시 엘리트 교육의 필수 코스로 여겨져 각국의 문화와 언어, 생활상, 선진기술 등을 깊이 있게 배우면서 단기간에 성장할 좋은 기회로 인식되었다. 이는 특정 분야에 대한 지적 호기심을 충족시킬 수 있는 지식과 경험을 함께 추구하는 관광 형태로 현대적 관점에서 보면 조기유학, 교육 여행 내지는 런케이션Learncation과 결을 같이한다고도 볼 수 있다.

그랜드 투어가 성행하던 시기의 엘리트는 외국어와 외국 문화, 선진기술 등에 해박한 지식을 가진 사회 지도층이었을 것이다. 그렇다면 현대의 엘리트는 어떤 사람들일까?

한동안 온라인에서 작자 미상의 '중산층 별곡'이 유행처럼 떠돈 적이 있다. 여기서 묘사되는 중산층은 30평 이상 아파트와 2000cc급 중형차를 소유하고, 월급은 500만 원 이상에 예금액은 1억 이상이며 1년에 한 번 이상 해외여행을 가는 사람이다.

프랑스 사회는 어떨까? 외국어를 하나쯤 구사하고 직접 즐기는 스포츠가 있으며, 악기를 다룰 수 있고 자기만의 요리 레시피가 있으며 사회적 불의에 맞서고 약자를 도우며 봉사활동을 꾸준히 하는 사람. 조르주 퐁피두 전 대통령이 그의 저서에서 정의한 중산층의 기준이다. 이 이야기는 2023년 '자본 추앙 사회'에 대한 비판적 시선을 담은 책 《숫자 사회》에 언급되며 다시 한번 회자되었다.

중산층 별곡이 처음 온라인에 등장한 2012년 이후 무려 10여 년이 지났건만 우리의 중산층 기준은 여전히 숫자로 검증되는 돈의 액수에 머물러 있다. 어쩌면 엘리트에 대한 한국과 프랑스의 정의도 중산층에 대한 정의만큼이나 차이가 나지 않을까.

엘리트elite는 선택된 사람들, 정예 등을 뜻하는 프랑스어로, 사전적 정의에 따르면 '사회에서 뛰어난 능력이 있다고 인정한 사람 또는 지도적 위치에 있는 사람'을 말한다. 중산층 별곡 느낌으로 한국의 엘리트를 정의해 보자면 의사나 법조인, 고위공무원 등 사회에서 선망받는 직업에 종사하고 20억 이상의 순자산이 있으며 해외 유학을 다녀온 사람 정도가 아닐까 싶다. 그래서 오늘날 많은 부모가 자식을 엘리트로 만들기 위해 '초등의대반'에 열을 올리고 국제학교와 사립학교 입학을 고민하며 해외 대학입시에 관심을 두는 걸까?

중국 주재원 시절 만난 학부모들은 방학 동안 대치동 학원가에서 1000만 원 이상 쓰는 데 주저하지 않았다. 아이가 '혹시' 공부를 잘할지도 모르니 해외 대학 진학을 고려해 강남에 빌딩이 어려우면

여행은 최고의 사교육이다

아파트라도 한 채 마련해 두라는 조언을 받은 적도 있다. 내겐 그런 경제적 능력이 없기도 하지만, 설사 있다고 해도 교육비에 '묻지마 투자'를 감행할 생각은 없다.

이제는 우리 사회에도 엘리트에 대한 새로운 정의가 필요하지 않을까. 미래세대의 엘리트라면 최소한 다음과 같은 기본 소양을 갖춘 사람이면 좋겠다. 자신만의 관점과 논리를 가지고 세상을 바라볼 것, 세계시민으로서 기후위기와 같은 전 지구적 문제에 관심을 두고 문제 해결에 적극적으로 동참할 것, 다양성을 존중하고 타인을 배려할 것, 호기심을 잃지 않고 끊임없이 배우며 탐구할 것.

여행은 이러한 엘리트를 길러내는 데 가장 최적화된 교육 방식이다. 책을 넘어 '진짜 세상'을 접하는 경험, 다양한 배경을 가진 사람들을 만나고 소통하는 경험, 일상에서 벗어나 새롭고 흥미로운 발견을 하는 경험까지. "백 번 듣는 것보다 한 번 보는 것이 낫고百聞而不如一見, 백 번 보는 것보다 한 번 깨우치는 것이 나으며百見而不如一覺, 백 번 깨우치는 것보다 한 번 행동하는 것이 낫다百覺而不如一行"라는 고사성어도 있지 않던가.

다행히 오늘날 우리는 18세기 영국인처럼 높은 파도에 뱃멀미하며 해협을 건너고, 울퉁불퉁한 길을 마차로 몇 날 며칠씩 달려 이동할 필요가 없다. 여행은 더 이상 상류층만의 특권이 아니며 집안의 기둥뿌리가 뽑힐 만큼 막대한 예산이 소요되는 일도 아니다. 교통과 서비스산업의 비약적인 발전으로 우리는 역사상 그 어느 때보다 여행하기 좋은 세상에 살고 있다.

입문편

그럼에도 여행을 주저하게 되는 이유는 많다. 시간의 여유가 없어서, 주말에도 일해야 해서, 빠질 수 없는 학원 스케줄 때문에, 아이와 함께 여행할 생각만 해도 피곤해서…. 그렇게 여행은 일상의 우선순위에서 밀리고, 방학 기간 쌓아둔 숙제를 해치우듯 1년에 한두 번 마음먹고 떠나는 거창한 이벤트가 된다.

여행을 가볍게 생각하면 어떨까. 마음먹기에 따라 일상을 벗어난 모든 활동은 여행이 된다. 특히 어른들보다 훨씬 많은 '첫 순간'을 만날 아이들은 새로운 장소에서 흥미로운 것들을 기민하게 포착해 낸다. 하굣길에 집까지 오는 골목 하나만 바꿔 걸어도 탐험가로 변신하는 그들 아닌가. 비행기 타고 멀리 간다고 더 많이 경험하고 배우는 것도 아니다. 마을버스로 옆 동네에 놀러 가더라도 아이와 함께하는 매 순간 이야기를 새겨 넣을 수 있다면 이미 멋진 여행이고 훌륭한 엘리트 교육이다.

아이가 가족 여행에 기꺼이 동행해 주는 시기는 생각보다 짧을지도 모른다. 아직은 '엄마바라기'인 아이에게도 언젠가는 방문을 걸어 잠그는 시기가 올 테지만, 우리가 함께했던 여행의 기억은 오래도록 남아 힘든 시기를 밝혀주는 빛이 될 것이다.

여행은 최고의 사교육이다

기후위기 시대의
여행법

현대의 그랜드 투어는 여행의 콘텐츠뿐 아니라 여행하는 방법에도 고민이 필요하다. 기후위기로 촉발된 자연재해가 여행 자체에 영향을 주기도 하지만, 여행이라는 행위 역시 기후위기를 가속하는 측면이 있기 때문이다. 그런 이유로 오늘날 아이들과 함께하는 여행에서 놓치지 말아야 할 가치는 '지속가능성'과 '공정성'이다.

유엔 관광청UN Tourism에 따르면 여행업은 세계 탄소 배출량 중 약 5~8퍼센트의 책임이 있다. 관광객을 위한 공항과 호텔, 음식점 등 편의시설을 짓는 과정에서 열대우림을 비롯한 자연생태계가 훼손된다. 더구나 현지인들은 관광객들로 인한 물가 상승과 소음, 쓰레기 증가, 자원 부족 등의 문제로 고통받는다. 특히 개인이 환경에 끼치는 영향 중 두 번째로 나쁜 것이 비행기 이용이라는 말도 있어 마음이 더욱 복잡해진다.(참고로 첫 번째는 출산이라는데, 사람 한 명이 평생 배출하는 탄소의 양을 생각하면 놀랄 일도 아니다.)

여행은 최고의 사교육이다

여행은 기본적으로 이동을 전제로 한다. 특히나 한국은 삼면이 바다로 둘러싸인 지리적 특성상 해외여행을 하려면 필연적으로 비행기를 탈 수밖에 없으니, '여행'과 '친환경'은 기본적으로 양립하기 어려운 개념이다.

최근 몇 년간 관광업계에도 ESG 경영(기업의 지속 가능한 발전을 위해 환경Environment 사회Social 지배구조Governance를 고려하는 경영 전략) 바람이 불면서 저탄소 여행 콘텐츠 개발과 업무 전반에 걸친 ESG 실천이 큰 화두다. 어떻게 보면 이것은 개인이 쓰레기 분리배출 시 유리병과 플라스틱 상자의 라벨을 제거하고 깨끗이 씻어 말린 후 배출하는 경우와 비슷한 일이다. 올바른 분리배출을 위해 노력하면 환경에 해를 덜 끼칠 수는 있겠지만, 그보다 더 근본적인 해결책은 처음부터 쓰레기를 만들지 않도록 소비 습관을 바꾸는 일일 테니까.

그렇다면 진정한 친환경 여행은 여행을 가지 않을 때 비로소 실현되지 않을까 싶은데, 여행업에 종사하는 내게 그건 불가능한 미션이자 정체성을 부정하는 일이다. 이런저런 고민 끝에 우리 가족은 '상대적으로 환경에 영향을 덜 끼치는' 여행을 시작해 보기로 했다. 이른바 지속 가능한 여행이다.

지속 가능한 여행도
한 걸음부터

　　　　나는 지속 가능한 여행을 너무 거창하고 어렵게 생각하지 않기로 했다. 지금 내가 감당할 수 있을 만큼의 귀찮음과 불편함을 감수한다면 충분히 멋진 시작이다. 누군가에겐 집을 나서기 전 텀블러를 챙기는 행동일 수도 있고, 또 누군가에겐 아예 비행기를 타지 않겠다는 결심이 될 수도 있다. 직접 시도해 보니 작은 실천이라도 꾸준히 쌓이면 의미 있는 변화가 일어나는 경우가 많았다.

여행은 기본적으로 소비를 전제로 한다. 삼시 세끼 식사부터 휴식을 위해 들르는 카페, 여행을 추억하게 할 기념품… 우리는 지갑을 열 때마다 새로운 경험과 추억을 사고 쓰레기를 남긴다.

우리 가족은 여행 갈 때 세 가지 물건을 꼭 챙긴다. 장바구니와 물병 그리고 도시락통이다. 배낭에는 병 두세 개에 물을 꽉 채워 다니고, 마트나 시장에서 물건을 구입하면 장바구니에 담아 온다. 카페에서 판매하는 음료를 마시고 싶을 땐 빈 물병을 내민다(보온·보냉이 가능한 스테인리스 텀블러를 사용하면 음료를 맛있는 상태로 오래 즐길 수 있다). 가게 주인 입장에서도 플라스틱병 하나를 아낄 수 있으니 마다할 이유가 없다.

도시락통은 간단한 간식을 챙겨 피크닉을 즐기거나 푸드 트럭에서 음식을 살 때 유용하다(집에 있는 반찬 통을 활용하면 좋겠지만, 새로 사야 한다면 스테인리스 제품을 권한다. 스테인리스는 플라스틱 문제에서 자유로운

　　　　　　　　　　　　여행은 최고의 사교육이다

소재고, 유리보다 상대적으로 가볍고 견고하다). 전통시장에는 쓰레기통이 비치되지 않은 경우가 많은데, 불가피하게 발생한 쓰레기는 노점에서 산 만두와 떡볶이를 담았던 도시락통에 넣어 오면 깔끔하다.

최근에는 준비물 목록에 행사 기념품으로 받은 손수건을 추가했다. 더운 날 손수건을 목에 두르고 다니다가 화장실에서 젖은 손을 닦고 다시 목에 두르면 금방 마른다. 햇살이 강한 날엔 자외선 차단도 되고, 가족끼리 비슷한 디자인의 손수건을 챙겨 다니니 자연스러운 패밀리룩이 완성된다. 일석삼조다.

지역사회를 배려하는
공정여행

얼마 전 스페인 바르셀로나에서 2800여 명의 주민들이 과잉 관광Overtourism에 반대하여 관광객들에게 물총을 난사하는 시위를 벌여 화제가 되었다. 과잉 관광은 수용할 수 있는 범위를 넘어서는 관광객이 관광지에 몰려들면서 현지인의 삶과 환경에 부정적인 영향을 끼치는 현상을 가리키는 용어다. 인구 162만 명의 도시 바르셀로나에 연간 2300만 명 이상의 관광객이 몰려들면서 주민들은 임대료 급등, 소음, 환경오염 등의 문제로 고통받고 있다.

국내에서는 제주도나 북촌한옥마을, 전주한옥마을 등이 대표적 과잉 관광 발생 지역으로 거론된다. 이로 인한 거주민들의 불만은 관광객들이 지역사회에 실질적으로 도움이 안 된다는 인식에서 비롯된다. '공정여행'은 이러한 문제의식에서 출발해 공공성과 책임성을 강조하는 대안적 활동이다. 여행지의 환경에 해를 끼치지 않고 현지 문화를 존중하며, 지역 주민들에게 적절한 비용을 지불함으로써 지역 경제에 기여한다. 국내에서 공정여행과 지속 가능한 여행은 거의 동의어처럼 사용되지만, 엄밀하게 따지면 공정여행은 지속 가능한 여행의 한 형태로 볼 수 있다.

공정여행은 다양한 수준에서 실천적 접근이 가능하다. 기본적으로 여행 횟수를 줄이고 한 장소에 오래 머무르며 지역 주민이 운영하는 상점과 음식점, 숙박 시설을 이용하는 것이 시작점이다. 너무 어렵게 생각할 필요는 없다. 주택가에서 목소리를 낮추고 지역의 전통시장을 이용하며 쓰레기 발생을 줄이기 위해 노력하는 것만으로도 교양 있는 여행객이 될 수 있다.

나는 여행할 때 전통시장은 꼭 찾는다. 지역을 여행하며 그곳 특산물을 맛보고 관련 상품을 구매하는 것은 특별한 경험이 된다. 전통시장은 내공 있는 지역 맛집의 보고일 뿐 아니라 특산물을 가장 쉽게 접할 수 있는 장소다. 시장을 돌면서 나는 슬쩍 '탄소발자국'이나 '푸드 마일리지' 같은, 아이들에게 친숙하지 않은 단어를 꺼낸다. 같은 토마토라도 가까운 지역에서 자란 것과 먼 지역에서 자란 것은 각각 우리 손에 들어오기까지 차로 이동하는 거리가 다르기 때문에 탄소발자국에 차이가 있다. 현지에서 자란 로컬푸드는 푸드

여행은 최고의 사교육이다

마일리지가 낮아서 환경에도 좋고, 우리가 쓴 돈이 지역 주민에게 돌아가므로 지역 경제에도 도움이 된다. 이는 일종의 '가치소비'다. 시장은 아이들에게 이러한 가치소비의 중요성을 알려주기에 최적화된 장소다.

탄소발자국과 푸드 마일리지

우리가 일상생활에서 만들어내는 탄소는 지구에 크고 작은 흔적을 남기는데, 이를 '탄소발자국'이라고 한다. '푸드 마일리지'는 먹을거리가 생산되어 우리의 식탁에 오르기까지의 이동 거리를 말한다. 보통 수입 식품은 운송 거리가 길어서 푸드 마일리지가 높고, 자기 집 텃밭에서 식탁까지의 푸드 마일리지는 0에 가깝다. 따라서 지역에서 생산된 식품을 소비하는 것은 푸드 마일리지를 줄이고 탄소발자국을 감소시키는 착한 소비다.

아이들과 함께 가게를 살펴보고 어떤 물건을 파는지 구경하다 보면 시간 가는 줄 모른다. 특히 바닷가 마을에 자리한 수산시장은 수족관 못지않게 다양한 물고기를 볼 수 있다는 장점 덕에 아이들에게 인기 만점이다. 요즘은 하우스재배가 보편화되어서 제철 식품의 개념이 많이 흐려졌지만 그래도 시장에 가면 제철에 나오는 과일과 채소, 수산물을 자연스럽게 알게 된다.

시장에는 마트에 없는 특별한 점이 있다. 바로 시장 안에서 공기처럼 떠다니는 '말'이다. 길을 지나다 상인과 눈만 마주쳐도 자연스레 말을 툭툭 주고받는다. 아이들은 부모를 통해 낯선 사람과 이야기를 시작하는 사회적 기술을 배우고 다양한 삶의 모습을 간접적으로 경험한다. 한번은 과일가게에서 아이들이 인사를 잘해 기특하다며 과일 한두 개를 덤으로 받은 적이 있다. 마트에선 할 수 없는 특별한 경험이다. 나중에 학교에서 시장과 관련된 내용을 배울 때마다 아이는 이런 여행의 순간이 떠오르지 않을까? 그 어떤 사교육으로도 채울 수 없는 소중한 경험이자 정서적 자산이다.

초등학교 2학년 1학기 국어 교과에서는 다양한 말놀이를 배운다. 이 중 '말 덧붙이기' 놀이로 '시장에 가면'이라는 활동이 나오는데, 여행 중 이동하는 차 안에서 아이와 함께하기 좋다. 3학년 사회 시간에는 경제 활동의 중심지인 시장의 특성을 알아보고 백화점과 재래시장의 공통점과 차이점을 비교한다. 4학년 사회 교과에서는 고장의 중심지에 대해 배우는데 시장은 중심지의 대표 장소 중 하나로 소개된다.

아이들과 사시사철 지역 여행을 해오다 보니 최근 몇 년 새 신선한 변화를 느낀다. 무엇보다 각 지역 농산물을 활용한 먹거리를 선보이는 음식점과 카페가 늘고 있어서 반갑다. 전국적인 도시재생사업과 함께 로컬 브랜드가 주목받는 시대 흐름 덕분이다.

나는 여행지에서 근처 맛집을 검색하다가 현지 식재료를 활용하거나 농장에서 직접 운영하는 음식점이 있다면 무조건 방문한다. 남해의 유자 착즙 음료를 판매하는 '백년유자', 괴산 찰옥수수를 품은 빵을 만드는 '목도빵집', 제주 고등어와 흑돼지 등 로컬 식재료로 만든 양식을 선보이는 '둘레길'. 여행길에 이런 로컬식당을 방문할 기회가 있다면 아이들에게 지역 특산물을 소개해 주고 평소 소비하는 농수산물이 어떤 과정을 거쳐 우리에게 전달되는지도 알려주자. 작년 영주 여행에서는 풍기인삼시장에 들러 생전 처음으로 인삼 몇 뿌리를 샀고, 영주의 또 다른 특산물인 사과로 만든 파이와 사과 소스를 얹은 돈가스를 먹었다. 이쯤 되면 아이들은 자연스럽게 영주를 인삼, 사과와 연결 지어 기억하게 된다. 초등학교 3·4학년 사회 교과에서 배우는 특산물을 여행 중에 자주 접한다면 사회문제집을 별도로 풀 필요가 없다.

여행을 마치고 돌아오는 길에는 지역의 전통시장이나 로컬푸드 직매장에 들러 두 손 가득 장을 본다. 제주 가파도 청보리 쌀, 남해 시금치, 보령 굴, 공주 밤…. 여행하면서 사 온 로컬푸드는 며칠, 길게는 몇 달 동안 여행의 기억을 곱씹으며 음미하게 해 주는 최고의 기념품이다.

지역을 살리는 관광사업체, 관광두레

공정여행에 한 걸음 더 들어가고 싶다면 '관광두레(지역 주민이 만들어가는 지역관광사업체로, 2024년 기준 전국 52개 지역 230여 개 사업체가 숙박·식음·체험 등 다양한 관광 콘텐츠를 제공한다)'를 방문해 보길 권한다. 마을 주민이 직접 안내하는 마을 탐방 프로그램과 지역 식재료를 활용한 요리 교실은 아이들에게 특별한 추억으로 남을 것이다.

입문편

환경친화적
숙소 정하기

환경을 생각하는 여행객이라면 숙소를 정하는 데도 고민이 필요하다. 여행 산업에서 발생하는 탄소의 12퍼센트가 건축과 숙박에서 나온다는 통계가 있다. 숙박 시설은 필연적으로 많은 에너지를 소비하는데 그중 48퍼센트가 냉난방 시설을 가동하는 데 들어간다. 이에 따라 현지인들이 에너지와 물 부족에 시달리는 경우도 흔하다. 개발도상국이나 섬 지역에서 관광객에게 쾌적한 환경을 제공하는 대가가 현지인에게 직접적인 피해로 나타난 사례다. 숙박 시설의 탄소 배출량은 일괄적으로 환산하기 어려우나, 보통은 리조트 및 호텔 등 대형 숙박 시설에서 투숙객 1인당 가장 많은 에너지를 소비한다(대형 숙박 시설에는 수영장, 회의실, 레스토랑 등 부대시설이 많기 때문이다). 이에 비해 소규모 숙박 시설이나 에어비앤비 등 기존 가정집을 이용한 공유숙박 서비스는 상대적으로 에너지 소비량이 적다.

그런 면에서 국내 여행 시 가장 추천하고 싶은 숙소는 한옥이다. 한옥은 여러모로 환경친화적인 숙소다. 목재는 그 자체로 탄소를 저장하고 있으며, 생산과정에서도 콘크리트나 유리처럼 많은 양의 탄소를 배출하지 않는다. 한옥 숙소는 대개 규모가 크지 않아서 조용하고 아이들이 뛰놀기 좋은 마당이 있다.

한옥의 구조와 형태를 경험하면 국어·사회 교과 학습에도 도움이 된다. 아이들의 호기심과 감수성을 기르는 데도 유익하고 말이다. 풀벌레 소리를 들으며 잠들고 새소리에 깨는 환경에, 비라도 오는 날이면 처마를 타고 일정한 간격으로 떨어지는 빗줄기가 얼마나 운치 있는지 모른다. 게다가 한옥은 숙박 인원수에 상대적으로 관대하다. 아이가 맘대로 뒹굴며 자도 안전하고, 마룻바닥이나 장판이 깔려 있어 카펫 바닥보다 위생적이다.

우리 가족이 경험한 한옥 숙소 중 가장 만족스러웠던 곳은 강릉 선교장과 벌교 보성여관이다. 강릉 선교장은 300년 역사를 가진 고택이자 국가민속문화재다. 수백 년 역사를 가진 아름다운 고택 중에는 의외로 저렴하게 숙박이 가능한 곳도 많다. 첫째가 아장아장 걷고 둘째가 아직 뱃속에 있을 때 부모님과 남동생, 부부 세 쌍과 고만고만한 아이 셋까지 열두 명의 대가족이 강릉 여행을 떠났다. 방 세 개에 공용 거실과 화장실 두 개가 딸린 한옥 독채를 예약했는데, 성수기였음에도 숙박 요금이 30만 원도 채 되지 않았다. 숙소도 만족스러웠지만 아이들이 아침 산책길에 연못가에서 만난 원앙 가족을 졸졸 따라다니던 장면은 행복한 기억으로 남아 있다.

1935년 지어진 벌교 보성여관은 적산가옥(일제강점기에 지어진 일본식 주택)이자 조정래 작가의 대하소설 《태백산맥》에 '남도여관'이라는 이름으로 등장하는 장소다. 이곳은 국가유산청(구 문화재청)이 매입하여 문화유산국민신탁이 위탁 관리하는 등록문화재로 숙박 요금이 꽤 저렴하다. 방은 작지만 꼭 필요한 것만 갖춰져 있고, 오랫동안 숙박 시설로 사용된 곳이라 그런지 포근하고 아늑한 기운이 있다.

입문편

작은 방에서 온 가족이 꼭 끌어안고 모처럼 꿀잠을 잤다. 숙소 주변에는 근대 문화재가 산재해 있고 도보 거리에 산책하기 좋은 냇가도 있다. 대중적으로 인기 있는 여행지는 아니지만, 남도에 간다면 꼭 한번 들러볼 만한 곳이다.

덜 가고, 더 오래 머무는
여행하기

기후위기 시대의 여행에서 교통은 가장 어려운 숙제다. 여행 유관 산업에서 발생하는 탄소의 절반가량이 교통 부문에서 배출되기 때문이다. 그중 가장 많은 탄소를 배출하는 교통수단은 비행기다. 국제 관광의 탄소발자국을 추적한 논문에 따르면 비행기의 승객 1인 기준 마일당 탄소 배출량은 버스의 8.2배, 기차의 6.3배에 달한다.[2]

비행기는 이착륙 시 가장 많은 탄소를 배출하는 교통수단이다. 단거리 비행의 마일당 탄소 배출량은 장거리 비행보다 70퍼센트가량 많다는 연구 결과도 있을 정도다. 이 때문에 프랑스는 2023년 5월, 기차로 두 시간 반 내에 이동할 수 있는 단거리 국내선 항공편 운항을 금지하는 법안을 통과시키기도 했다. 유럽연합도 2025년부터 단계적으로 항공기에 지속가능항공유 사용을 의무화하는 등 오늘날

여행은 최고의 사교육이다

'탈탄소'는 항공업계의 화두다.

한국은 상황이 좀 더 복잡하다. 지리적 특성상 한국에 거주하며 비행기를 타지 않겠다는 말은 사실상 해외여행을 하지 않겠다는 선언이나 다름없기 때문이다. 개인적 신념으로 비행기를 타지 않더라도 업무상 해외 출장 같은 용무는 피할 길이 없다. 그나마 현실적 대안은 되도록 여행 횟수를 줄이고 한 지역에 최대한 오래 머무는 방식이다.

이런 여행은 프랑스 사람들이 즐기는 바캉스와 닮아 있다. 언젠가 프랑스 출신의 방송인이 언급한 그들의 바캉스 문화가 떠오른다. 프랑스 사람들은 여름에 최소 5주 동안 바캉스를 즐기는데 해외보다는 국내 소도시를 선호하고, 관광이나 특별한 체험을 하는 것이 아니라 온전히 휴식으로 시간을 보낸다는 것이다. 심지어 매년 같은 곳을 찾아 단골 가게를 이용하며 일상을 반복하는데, 그러다 보면 방문한 지역이 '기억의 창고'이자 '제2의 고향' 같은 장소가 된다고 한다. 한 번쯤 곱씹어볼 만한 대목이다.

우리가 관광지와 맛집 사이를 최단노선으로 달릴 때 배경으로 스쳐 지나간 마을에는 어떤 이야기가 숨어 있었을까. 한곳에 오래 머물며 단골 카페와 식당을 만드는 경험, 동네를 산책하며 골목 구석구석 작은 풍경을 발견하는 즐거움. 나는 여행지에서 맞이하는 낯섦과 익숙함이 공존하는 순간을 좋아한다. 요즘은 이런 장기체류 여행을 '생활관광'으로 부르기도 하는데, 현지인처럼 생활하며 여행지를 오롯이 느끼는 여행이다.

입문편

지구를 위해 우리는 여행의 속도를 늦춰야 한다. 〈2023년 국민여행 조사〉에 따르면 3박 이상 일정으로 국내를 여행한 사람은 2.2퍼센트에 불과하고, 해외여행 평균 체류일은 4.56일에 그친다. 우리가 조금 더 천천히 여행한다면 더 많은 공항을 짓고 더욱 촘촘하게 노선을 늘릴 이유가 없다. 우리의 여행 방식이 바뀌면 공항 예정지의 생물다양성이 보존되고 항공노선이 줄어들며 그만큼 탄소 배출량도 감소할 것이다.

기후위기 문제에 관심을 두게 되면서 나는 국내 여행지를 더 자주 찾았고, 1년에 두세 번씩 가던 해외여행을 한 번으로 줄였다. 대신 꼭 가고 싶은 곳을 골라 최소 일주일 이상 머물고, 떠나기 전부터 여행지와 관련된 다양한 책과 콘텐츠를 접하며 여행을 최대한 오랫동안 음미하려 노력한다. 모름지기 기후위기 시대의 여행은 '양보다 질'이다.

① 숙소에서 퇴실할 때 아이와 함께 숙소 정리하기

침구를 정리하거나, 다 쓴 수건을 한 곳에 모아두거나, 분리배출을 함께 해보면 좋다. 소규모 숙소의 경우, 주인에게 숙소에서 가장 좋았던 부분을 이야기하며 인사하도록 이끌어주자. 아이들은 이런 연습을 통해 숙박시설 이용 예절을 배우고, 긍정적 상호작용의 경험을 쌓아갈 것이다.

② 산과 바다를 여행할 때 아이와 함께 쓰레기 줍기

집게나 장갑을 챙겨 다니며 쓰레기를 줍고, 사람들이 무심코 버린 쓰레기가 야생동물에게 어떤 영향을 미칠지 함께 이야기해 보자. 아이의 환경 감수성이 무럭무럭 자라난다.

③ 곤충이나 바다 생물을 채집한다면 관찰 후 자연으로 돌려보내기

바다 근처에 숙박하며 하루 이상 바다 생물을 관찰할 계획이 있다면 작은 수조와 휴대용 여과기를 챙기면 좋다. 고인 물에서는 물고기들이 반나절도 버티기 어렵기 때문이다. 아이에게 자연 관찰의 기쁨과 함께 생명의 소중함을 가르쳐 주자.

④ 여행 중 일회용품 사용 줄이기

평소 쓰는 세면도구와 장 볼 때 사용할 장바구니를 챙기자. 커피는 가능하면 카페 안에서 풍경을 즐기며 다회용 컵으로 마시고, 테이크아웃이 필요할 땐 텀블러를 이용하자. 아이가 옆에서 자연스럽게 보고 들으며 배울 것이다.

⑤ 여행지에서 지역 주민들과 이야기 나누기

식당이나 관광지를 다니다 보면 다양한 사람들을 만나게 되고 우연히 경험담을 들을 기회가 생긴다. 몇 대째 한 지역에 거주해 온 토박이 주민에게 마을의 시시콜콜한 이야기를 들을 수도 있고, 은퇴 등 개인적 상황 변화를 계기로 낯선 곳에서 전혀 다른 커리어로 새로운 인생을 시작한 이주민의 이야기를 듣게 되기도 한다. 진로를 넘어 인생을 어떻게 살 것인지에 대한 특별한 통찰을 얻을 수 있다.

모든 지침은 따뜻한 눈빛과 표정, 아이 눈높이에 맞는 이야기로 자연스럽게 이루어져야 한다. 열심히 가르치려 하면 오히려 아이는 뒷걸음질치게 될 것이다. 반응을 주의 깊게 살피면서 아이의 속도에 맞춰주자. 이다섯 가지 습관은 일상생활에서도 충분히 기를 수 있다. 내 경우 여행을 워낙 좋아해서 여행과 접목해 실천하는 것이니 각자 상황에 맞추면 된다. 장소와 상관없이 아이는 많이 사랑받은 하루를 가장 행복하고 충만한 날로 기억할 것이다.

여행은 최고의 사교육이다

여행 후에 남는 것:
글과 그림으로 생각 정리하기

        학령기 아이들과 장기 여행을 계획하다 보면 학습적인 부분이 마음에 걸린다. 경험을 통해 가장 많이 배운다고 해도 방학 동안 학교 공부를 접고 내내 놀게 하기엔 불안하니까. 최소한의 학습을 두고 고민한 끝에 우리 부부는 여행 중 짤막한 신문을 매일 발행하기로 했다. 벌써 2년 가까이 된 여행 루틴이다.

우리 집 여행 신문은 그날 있었던 가장 인상 깊은 일을 소개하는 '오늘의 뉴스', 여행 중 알게 된 흥미로운 사실을 기록하는 '오늘의 새로운 발견', 그림으로 하루를 기록하는 '오늘의 4컷 만화'로 구성된다. 유럽 여행 신문은 여기에 방문 국가 소개, 미술관이나 박물관에서 찾은 보물 세 가지, 그림책 속 배경을 따라 떠나는 도시 여행, 유럽에서 만난 동물 기록 등 다양한 내용을 추가하기도 했다.

얼핏 보면 부모가 도와줄 일이 많을 듯하지만, 양식을 만들어 인쇄하고 제본하는 과정이 번거로울 뿐 일단 한 권 만들어두면 여행 중 부모에게 매일 최소 30분 이상의 자유 시간을 보장해 주는 비장의

여행은 최고의 사교육이다

아이템이다.

우리는 보통 하루의 마무리로 여행 신문을 작성한다. 이 과정에서 내가 참여하는 시간은 10분 남짓으로, 화이트보드나 종이에 그날의 일정과 아이들의 감상을 짧막하게 적는다. 그 기록을 보며 아이들은 30분에서 한 시간 정도 각자 여행을 정리한다. 분명히 함께한 여행인데 저마다 인상 깊었던 장면들이 달라서 재미있다. 각자 기억의 퍼즐을 하나씩 맞춰가다 보면 그날 하루가 생생하게 재구성된다. 여행을 마치고 집에 돌아오면 일자별로 한 장씩 여행 기록이 담긴 사진을 선정해 붙여두는데, 언제 꺼내 봐도 당시 기분을 다시금 느낄 수 있는 멋진 타임머신이다.

이렇게 작성한 신문은 스캔해서 학기 중 체험학습 결과 보고서로 제출하면 선생님의 칭찬을 한몸에 받을 수 있다. 체험학습 결과 보고서는 학생이 작성하는 것이 원칙이지만, 부모가 대신 작성하는 경우가 적지 않기 때문이다. 아이가 삐뚤빼뚤한 글씨와 약간의 맞춤법 오류가 있는 문장, 개성 있는 그림으로 완성한 여행 신문은 누가 봐도 100퍼센트 아이의 작품이다(요즘은 방학 숙제도 선택 과제 형태로 고를 수 있어서, 아이들과 미리 상의해서 '여행 신문 작성하기'를 방학 숙제로 지정해 두면 과제에 대한 부담감 없이 방학을 즐길 수 있다).

나는 일반적인 선행학습에는 관심이 없고 뜨뜻미지근한 학구열을 가진 엄마지만, 글쓰기만큼은 유난스럽게 챙긴다. 이제 초등학교 3학년이 된 아들은 입학을 1년 앞두고 한글을 배웠고, 그로부터 몇 달 뒤엔 좋아하는 그림책 필사로 생애 첫 글쓰기를 시작했다. 지금

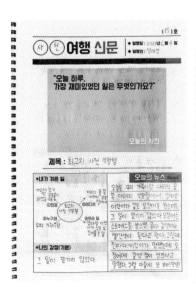
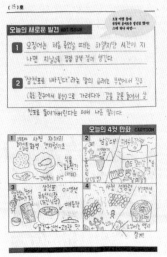

은 1학년 여름방학부터 매일 쓰고 있는 일기와 여행 중 작성하는 여행 신문까지 글이 일상이 되다 보니 학교 수업 시간에 나오는 글쓰기 과제도 곧잘 하고, 집에서도 혼자 그림책을 만들며 논다.

생각해 보면 느린 학습자였던 아이가 지난 3년 동안 일반적 상식으로 이해되지 않는 수준의 성장을 거듭한 것도 간접 경험(독서)과 직접 경험(체험과 여행)을 결합한 교육과 글쓰기의 힘일 것이다. 글을 쓴다는 건 자기 생각과 경험을 재구성하여 자신만의 언어로 표현하는 고차원적 사고 과정이기 때문이다.

'2028 대학입시제도 개편안'에 따르면, 2028년 수능은 지금처럼

여행은 최고의 사교육이다

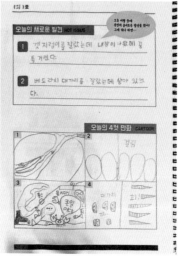

100퍼센트 객관식 평가를 유지하지만 내신에서는 논술형·서술형 평가가 강화될 예정이다. 지금 초등학생인 아이들이 대학입시를 치를 무렵에는 우리나라도 프랑스의 바칼로레아나 독일의 아비투어처럼 자기 생각을 글로 적어내는 것이 주요 평가 항목이 될 수 있다. 정답을 고르는 기술보다 생각하는 힘이 중요해진다는 얘기다.

바야흐로 글쓰기 역량이 점점 중요해지는 시대다. 대학입시뿐 아니라 사회생활을 할 때도 글쓰기는 필수다. 많은 직장인이 일과의 대부분을 글을 쓰며 보내지 않는가.

여행 신문은 아이가 글쓰기에 흥미를 갖게 하는 좋은 계기가 된다.

여행지에서 하루 종일 새로운 경험을 하며 즐겁게 지내고 나면, 아이들의 머릿속은 하고 싶은 이야기로 가득 차서 시키지 않아도 감상을 줄줄 쓴다. 아직 한글을 익히지 못한 아이라면 여행 중 인상적인 경험을 그림으로 남기는 것도 좋다. 그날그날 신기하고 즐거웠던 경험을 하나씩 꺼내 보고 재구성하면서 아이는 자기 주도적으로 여행을 완성해 나갈 것이다.

여행은 최고의 사교육이다

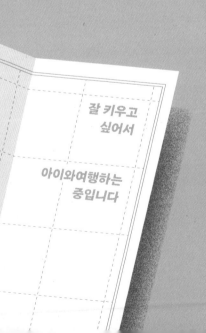

잘 키우고
싶어서

아이와여행하는
중입니다

콘텐츠의 힘 :
책과 함께하는
아이 주도 여행

내가 어릴 적에는 그림책이 귀했다. 당시 나는 집에 몇 없는 어린이책 중 《그림동화》를 좋아해서 종이가 닳도록 읽었다. 진한 갈색 표지와 누렇게 바랜 내지에 책 앞뒤로 몇 장의 컬러 삽화가 있고 나머지는 글로만 가득 찬 두꺼운 책이었다. 이제 막 한글을 뗀 아이 혼자 읽기에는 다소 벅찬 책이었는데, 읽다 보니 내용이 점차 이해되었고 그림이 거의 없어 상상력을 키우기 좋았던 것 같다. 아마 요즘 아이들에게 이런 책을 들이민다면 십중팔구 흥미를 느끼지 못할 것이다. 서점이나 도서관에 가면 다양하고 재미있는 어린이책이 많아서 어떤 책을 골라야 할지 고민스러울 지경이다.

엄마가 되고 나서는 아이에게 그림책을 읽어주며 다시 한번 독서의 즐거움을 발견했다. 그리고 일종의 직업병처럼 자연스럽게 그림책과 여행지를 연결 짓기 시작했는데, 기존의 유명 드라마 등 콘텐츠와 관련된 테마 여행지는 많은 데 비해 책을 매개로 한 여행은 그리 대중화되지 않은 듯했다. 그러다 아이들과의 책 여행을 구상하게 된 계기가 생겼다.

2019년 중국 광저우 지사에서 한류마케팅 업무를 할 때다. 지사에는 한국 문화와 여행을 홍보하는 '코리아 플라자'라는 작은 공간이 있었다. 당시 열렬한 한류 팬이었던 현지 직원이 이 공간을 활용한 아이디어를 냈다. 매달 온라인 투표로 '이달의 한류스타'를 선정하고, 코리아 플라자를 팬클럽 오프라인 이벤트 장소로 제공하자는 것이다. 이 사업은 대박이 났다. 이벤트가 있는 날이면 복도 바깥까지 팬들이 길게 줄을 서서 번호표를 뽑고 입장할 정도였다.

당시에는 한한령으로 인해(2016년 한국의 사드 배치 이후 시작된 한류 금지령으로 한국 연예인의 중국 활동이 제한되고 한국행 단체관광도 중단되었다), 또 이후에 시작된 코로나19로 한류스타의 중국 방문이 불가능했던 때였다. 그런 시기였는데도 한류스타 없는 한류 이벤트가 그토록 인기를 끈 이유는 무엇이었을까?

인기 요인 중 하나는 한류스타와 관련된 여행지를 소개하는 이벤트였다. 팬들은 한류스타의 개인 SNS 게시물이나 그가 출연한 드라마에 스치듯 나온 곳들을 궁금해하며 방문하고 싶어 했다. 그래서인지 드라마 장면을 캡처해 출력한 다음 촬영지에서 사진과 함께

찍는 인증 샷은 팬들의 보편적인 놀이 문화가 되었다.

이런 흐름에서 나는 좀 더 어린 여행자들을 위한 특별한 한국 여행 콘텐츠는 없을지 곰곰이 생각했다. 당시 중국에서는 백희나 작가의 그림책과 한중 합작 애니메이션 〈슈퍼윙스〉가 큰 인기를 얻고 있었는데 이를 활용할 아이디어가 떠올랐다.

나는 중국 여행업계 관계자들을 춘천 애니메이션박물관으로 이끌어 구름빵 콘텐츠를 소개하고, 자녀를 동반해 여행하는 인플루언서에게는 인천에 있는 슈퍼윙스 키즈 카페를 추천해 주었다. 어린 여행자들에게 최애 스타와 인증 샷을 찍을 기회를 주고 싶어서였다.

중국 지사 파견근무를 마치고 한국에 돌아오면서 아이들과 제대로 된 책 여행을 하고 싶어졌다. 마침 아이들의 한국 적응을 돕기 위해 시작한 휴직이 아들의 발달 문제로 예정보다 길어지면서 시간적 여유도 생겼다.

그때부터 3년이 넘는 시간 동안 우리는 1000권이 훌쩍 넘는 책을 함께 읽으며 국내 많은 곳을 구석구석 다녔다. 여행을 떠날 때마다 관련 키워드를 조합해서 책을 찾다 보니 생각보다 읽을거리가 많았다. 실전편에서는 아이들의 관심사를 따라 조류와 해양생물 관찰, 등산과 숲 체험을 할 때 좋은 안내자가 되어준 콘텐츠를 소개한다.

콘텐츠의 힘 : 책과 함께하는 아이 주도 여행

탐조의
추억

"멋쟁이요!"

작년 가을 다큐멘터리 〈수라〉 시사회에서 새에 관한 질문이 나왔다. 붉은색 목 부분에 검은 머리와 꽁지를 가진 새 이름을 맞히는 문제였는데 둘째 아이가 손을 번쩍 들고 단번에 정답을 외쳤다. 그날 퀴즈를 낸 황윤 감독은 정답이 나온 건 처음이라며 이름을 묻고는 크게 칭찬해 주었다. 아이들이 이렇게 야생동물과 환경문제에 관심이 있으니 대한민국의 앞날이 아주 밝다고 말이다. 아마 아이는 그 순간 새처럼 하늘을 나는 기분이었을 것이다. 멀리서 날갯짓하는 모양만 보고도 무슨 새인지 알고, 국내 주요 조류 도감을 두루 섭렵한 녀석에게 새 이름 맞추는 것쯤은 식은 죽 먹기였을 테지만.

여섯 살 무렵 어느 가을날, 철새 떼를 보고 조류에 푹 빠지게 된 아들은 관련 책을 탐독하고 주말마다 새를 관찰하러 다녔다. 그러다 겨울로 접어들면서 나뭇잎이 우수수 떨어지고 전에는 미처 보지 못한 새 둥지가 하나둘 눈에 들어왔다. 우리는 스즈키 마모루 작

콘텐츠의 힘 : 책과 함께하는 아이 주도 여행

가의 《여러 가지 새 둥지》를 시작으로 자연 관찰 책과 조류 도감을 찾아 읽기 시작했다.

아이들이 특정 관심사에 꽂히는 시기가 더러 있긴 했지만, 당시 아들이 새에 몰입하는 정도는 매우 이례적이었다. 아이는 새와 조금이라도 관련 있는 콘텐츠라면 뭐든 관심을 보였다. 받침 없는 한글을 더듬더듬 읽는 수준이었는데 복잡한 새 이름을 접하며 이중모음과 이중받침을 익혔다. 많은 책을 읽고 다큐멘터리를 비롯한 영상을 찾아보기도 했지만, 아이는 새를 직접 보는 것을 가장 좋아했다. 탐조 활동의 시작이었다.

찬 바람에 옷깃을 여미던 12월에 우리는 금강 하굿둑에 서서 가창오리의 군무를 기다렸고, 벚꽃 날리던 4월의 경주에서는 이름도 생소한 후투티를 찾아 헤맸으며, 철새 시즌에는 거의 매달 천수만을 찾았다.

탐조의 세계는 심오했다. 이 세계에 발을 들이고 나서 나는 일상의 풍경들이 새롭게 보이는 놀라운 경험을 했다. 마치 건축가들이 세계 어느 곳을 여행하든 현지 건축물을 보며 보통 사람들은 모르고 지나치는 그 지역의 역사와 문화를 해독해 내듯, 세상을 보는 새로운 렌즈 하나를 장착하게 된 것이다.

새는 우리가 일상에서 흔히 만날 수 있는 야생동물이다. 눈에 보이지 않아도 공원이나 도심의 빌딩 숲, 아파트 단지에서 자주 새소리를 듣는다. 도시에는 생각보다 많은 종류의 새들이 사람과 더불어 살아가고 있다. 쇠딱따구리, 곤줄박이, 딱새, 박새, 물까치, 직박구리, 오목눈이…. 나는 집 앞 공원에 그렇게 다양한 새들이 살고 있는 줄 미처 몰랐다. 친정 근처 하천에도 흰뺨검둥오리, 쇠오리, 물닭 등 여러 이름의 새들이 있다는 것을 아이와 산책하며 처음 알았다. 산책 중에 길가에서 죽은 새를 발견할 때면 아이는 국내에서만 매년 800만 마리의 새가 유리창에 부딪혀 죽는다는 사실을 말해주었다. 새는 어디에나 있고, 같은 장소라도 계절과 날씨에 따라 다양한 종류가 관찰되어 매우 흥미로운 여행 콘텐츠가 된다. 우리 가족이 함께 갔던 대표적 탐조 여행지 몇 곳을 추려서 소개해 본다. 유명한 곳이 아니더라도 조금 특별한 '렌즈'만 장착하면 평범한 일상의 순간이 여행이 되는 멋진 경험을 할 수 있을 것이다. 그것이 바로 탐조의 매력이다.

가창오리의 군무를 기다리며

군산

한국은 탐조 여행의 최적지다. 탐조인이라면 누구나 한 권쯤 갖고 있을 《한국의 새》에는 한반도의 주요 철새 도래지 50곳이 소개되어 있다. 이 중 북한에 위치한 열 곳을 제외하면 한국에만 무려 40곳의 철새 도래지가 있다. 조류학자들에 따르면 전 세계적으로 새들이 이동하는 아홉 개의 큰 항로가 있는데, 우리

나라가 포함된 '동아시아 항로'는 그중에서도 규모가 상당히 큰 편이다. 멀리 뉴질랜드에서 호주, 동남아, 중국을 거쳐 시베리아와 알래스카까지 연결되기 때문이다. 한국은 그 항로 안에서도 지정학적으로 중요한 자리를 잡고 있고, 서해안 갯벌과 연안습지 및 인근 농경지는 겨울철에도 풍부한 먹이를 제공하는 철새들의 좋은 휴식처다.[3] 한마디로 우리나라는 철새들의 허브공항이자 소문난 맛집인 셈이다(한국에서 볼 수 있는 새 500여 종 가운데 텃새는 95종에 불과하며, 나머지 400여 종은 철새다).

국립생물자원관에 따르면 최근 10년간 연평균 130만 마리의 물새 류가 겨울철 한국을 찾았다. 이 중 개체수가 가장 많은 것은 가창오 리로 연평균 37만 마리가 한국에서 겨울을 보낸다. 전 세계에 생존 하는 가창오리의 개체수는 약 40만~60만 마리로 추정되니 겨울에 는 대다수의 가창오리가 한국에 있는 셈이다(가창오리는 최근 기후변 화로 번식지인 툰드라 지대 내 먹이양이 증가하면서 개체수가 다소 늘어나 세 계자연보전연맹IUCN의 멸종위기 등급 취약종에서는 벗어났으나 여전히 관심 과 보호가 필요한 철새다).

시베리아가 고향인 가창오리는 겨울이면 모든 것이 꽁꽁 얼어붙는 극한의 땅을 떠나 수천 킬로미터를 날아서 남쪽으로 내려온다. 이 들은 낮에는 호숫가에서 쉬다가 해가 질 무렵이면 먹이를 찾아 떼 지어 날아오른다. 경계심이 많아서 주로 저녁에 근처 농경지로 이동 하는 것이다. 수십만 마리가 모였다 흩어지고 다시 모이며 나는 이 모습이 마치 춤추는 것 같다고 하여 '가창오리 군무'라고 한다. 아 마 우리를 탐조의 세계로 이끌었던, 하늘을 뒤덮을 만큼 엄청난 규 모의 새 떼는 가창오리였을 것이다. 멀리서 보면 까만 점이 이동하 는 것처럼 보이지만, 금강미래체험관에서 박제로 만난 가창오리는 여러 빛깔의 독특한 바람개비 무늬 얼굴을 가진 무척이나 아름답 고 기품 있는 새였다.

가창오리의 군무를 보려면 나포십자뜰철새관찰소로 가야 한다. 금 강미래체험관에서는 차로 6분 남짓 걸리는 가까운 거리다. 그러나 사람들의 후기를 종합해 보면 붉은 노을을 배경으로 펼쳐지는 그

콘텐츠의 힘 : 책과 함께하는 아이 주도 여행

림 같은 군무는 삼대가 덕을 쌓아야 볼 수 있는 듯하다. 우리가 방문한 날은 약간 흐리고 안개가 낀 데다 바람도 많이 불고 몹시 추웠다. 온 가족이 패딩점퍼에 모자와 장갑으로 중무장을 하고 한 시간여를 기다렸으나 사방이 어두워질 때까지도 기대하던 군무를 볼 수 없었다. 물 위에는 엄청난 수의 가창오리 떼가 떠 있었지만, 이따금 일부가 날아올라 대열을 맞춰볼 뿐 '정식 공연'을 할 의지는 없어 보였다. 다행히 반대편 농경지에서 수백 마리의 가창오리 떼가 보여준 소규모 군무로 그나마 아쉬움을 달랠 수 있었다.

탐조뿐만 아니라 자연 상태의 동물을 관찰하는 일은 이처럼 예상대로 흘러가지 않는다. 그러다 가끔은 생각지 못한 볼거리로 즐거움을 안겨주기도 한다. 우리 인생의 많은 순간들이 그러하듯.

● **여행 전 함께 보면 좋은 책 & 여행지 관련 정보**

도서명	저자	출판사
한국의 새	이우신, 구태회, 박진영	LG상록재단
천수만에 겨울 철새 보러 가요	이성실	아이세움
철새, 생명의 날갯짓	스즈키 마모루	천개의바람
동물들의 놀라운 지구 여행기	로라 놀스	한겨레출판
대이동, 동물들의 위대한 도전	정승원	창비

실전편

* 아이세움 자연학교 시리즈는 〈하늘공원에 맹꽁이가 살아요〉, 〈남산숲에 남산제비꽃이 피었어요〉, 〈양재천에 너구리가 살아요〉, 〈강화도에 저어새가 살아요〉, 〈구름 속 꽃밭 지리산을 걸어요〉 등 총 6권인데, 지역별 자연 관찰 콘텐츠를 상세히 소개한 명작이다.

금강미래체험관	
나포십자뜰철새관찰소	

벚꽃보다 후투티

경주

후투티는 파랑새목 후투티과의 조류다. 몸길이는 약 28센티미터로 비둘기보다 약간 작으며, 길쭉하고 활처럼 굽은 가느다란 부리로 주로 땅속에 사는 땅강아지와 지렁이를 사냥해서 먹고산다. 이 새의 별명은 '인디언 추장새'다. 머리 꼭대기에 달린 여러 개의 다갈색 깃털이 인디언 추장의 머리 장식을 연상시키기 때문이다. 원래 중부 이북에서 볼 수 있는 흔하지 않은 여름새인데, 경주 황성공원에 적지 않은 수의 후투티가 텃새로 자리 잡았다는 정보를 접하고 우리 가족은 2박 3일 일정으로 경주를 방문했다.

소문난 탐조 명소답게 황성공원 입구에 들어서자마자 후투티 한 마리가 눈에 들어왔다. 후투티는 서서히 봄기운이 돌기 시작하는

콘텐츠의 힘 : 책과 함께하는 아이 주도 여행

잔디밭 위에서 뭔가를 열심히 쪼아대는 중이었다. 가까이 다가가자 근처 나뭇가지로 푸드덕 날아가 앉는데 줄무늬가 선명한 날개와 꽁지가 드러났다. 후투티는 보통 4월에서 6월 사이에 5~8개의 알을 낳고, 암컷 혼자 알을 품는다. 그래서 매년 5월 무렵부터 전국에서 수많은 탐조인들이 후투티의 양육 장면을 찍기 위해 황성공원을 찾는다. 둥지 위치만 잘 찾으면 어미가 끊임없이 먹이를 물고 와 새끼 입에 넣어주는 모습을 포착하기 쉬운 편이라고 한다. 우리가 방문한 4월 초는 후투티의 육아를 관찰하기에 다소 이른 시기여서 공원 곳곳을 천천히 둘러보기로 했다.

황성공원은 신라 화랑들의 훈련장으로 쓰이던 오래된 숲에 자리 잡고 있다. 높이가 8미터에 이르는 아름드리 소나무 3500여 그루로 조성된 소나무 숲길을 걷다 보면 다람쥐와 청설모도 볼 수 있다. 며칠간 경주 곳곳을 다녀보니 후투티는 황성공원에만 사는 게 아니었다. 보문호를 거닐다가 호수 주변에서 먹이 활동 중인 후투티를 만나기도 했고, 대릉원에서도 자주 포착된다고 한다.

경주에서 후투티만 보고 가기 아쉽다면 동궁원에도 들러보자. 《삼국사기》에는 "674년(문무왕 14년), 궁성 안에 못을 파고 산을 만들어 화초와 진귀하고 기이한 새와 짐승을 길렀다"라는 기록이 남아 있다. 경주 동궁원은 이 기록을 바탕으로 우리나라 최초의 동식물원이었던 동궁과 월지를 현대적으로 재현한 공간이다. 전통 양식으로 지은 거대한 유리온실 안에 '동궁식물원'과 '경주버드파크'가 자리 잡고 있다. 버드파크에서는 웃는 쿠카부라, 극락조를 비롯한

250여 종의 새와 동물을 만날 수 있다.

아이와 함께 버드파크를 방문한다면 두 가지 활동을 추천한다. 먼저 입구에 있는 기념품점에서 '버드파크 탐험대' 스탬프 투어 책자를 사자. 버드파크 곳곳에 위치한 스탬프를 다 모으면 소소한 선물을 받을 수 있고, 책자 자체도 미니 도감 느낌이라 좋은 기념품이 된다. 여유가 되면 새 모이 주기 체험도 해보자. 손 위에 해바라기씨를 올려두고 기다리면 앵무새가 다가와 작은 혀를 요리조리 움직이며 야무지게 씨를 까먹고 간다.

새 관련 체험 활동은 아니지만, 경주빵이나 오곡면 국수를 만들어보는 것도 이색적이고 재미있다. 사실 경주의 대표 명소인 불국사 석굴암과 대릉원 천마총, 첨성대도 챙겨보고 왔지만 아이들은 경주를 그저 신기한 새와 맛있는 음식의 고장으로 기억한다.

● **여행 전 함께 보면 좋은 책 & 여행지 관련 정보**

도서명	저자	출판사
은반지를 낀 후투티*	박윤규	현암사
새들아, 뭐하니?	이승원	비룡소
슬기로운 나라 신라	이현	휴먼어린이
천 년의 도시 경주	한미경	웅진주니어

콘텐츠의 힘 : 책과 함께하는 아이 주도 여행

* 새 박사 할아버지가 한국전쟁으로 헤어진 부친이 준 반지를 후투티 발목에 끼워 북녘에 날려 보내자
  조류학자인 부친이 새를 통해 답장을 해준다는 아름다운 이야기다. 놀랍게도 이 이야기는 국내 1세
  대 조류학자 원병오 박사 부자의 실화를 바탕으로 한 것이다.

경주동궁원	
경주미정당 교촌곳간 (오곡면 국수 만들기 체험)	
이상복명과 경주빵 숲머리점 (빵 만들기 체험)	

나의 영원한 육아 멘토
원앙

　　원앙은 한국에서 만날 수 있는 조류 중 아름다운 새로 손꼽는다. 특히 수컷 원앙의 자태는 화려하다 못해 눈부실 정도다. 청록과 보라가 어우러진 알록달록한 색감에 포마드를 바른 듯 말끔한 헤어스타일과 붉은 부리, 일명 '은행잎 깃'으로 불리는 부채꼴 모양의 오렌지색 날개깃털 한 쌍이 완벽한 대칭을 이룬 모습은 한껏 차려입은 왕족 같다.

원앙은 천연기념물 제327호다. 기러기목 오릿과 원앙속에는 원앙과 아메리카원앙이 있는데, 이 중 원앙은 주로 한국과 중국을 비롯한

실전편

동아시아와 유럽 일부 지역에 살아서 영문명도 '만다린 덕Mandarin duck'이다. 아메리카원앙은 붉은 눈과 목 부분이 날렵해서인지 전반적으로 날카로운 인상인데, 아시아 원앙은 색상이 좀 더 밝고 몸집이 통통해서 순한 인상을 준다. 2018년에는 뉴욕 센트럴파크 한복판에 난데없이 아시아 원앙 한 마리가 나타나 큰 화제가 되었는데, 당시 원앙에게는 '세계에서 가장 아름다운 오릿과 조류', '뉴욕 최고의 신랑감'이라는 찬사가 뒤따랐다.

해외에서는 한 마리만 나타나도 뉴스 소재가 되는 원앙을 한국에서는 흔하게 볼 수 있다. 원앙은 본래 겨울 철새인데 일부 개체가 텃새화되어 도심에 살고 있기 때문이다. 서울의 대표적 원앙 탐조 명소는 중랑천과 창경궁 춘당지다. 중랑천에는 겨울철이면 수백 마리의 원앙이 모여들고, 창경궁 춘당지에서는 사시사철 원앙을 볼 수 있다. 남원 광한루와 제주 천지연폭포도 사계절 원앙을 관찰하기 좋은 명소다.

우리 가족이 원앙을 보러 처음 찾은 곳은 창경궁 춘당지였다. 30년 전쯤 창경궁 직원들이 다친 암컷 원앙을 우연히 발견해 치료하고 연못에 놓아주었는데 이곳에서 짝을 만나 둥지를 틀고 눌러앉았다고 한다(원앙의 수명이 약 5~10년이니 지금 살고 있는 원앙들은 그의 증손주뻘인 셈이다). 창경궁 원앙들은 좀처럼 사람에게 곁을 내주지 않고 연못 가운데의 작은 인공섬을 중심으로 활동하기 때문에 맨눈으로 자세히 관찰하기 어렵다. 탐조용으로 작은 쌍안경 하나 정도는 챙겨 가기를 권한다.

콘텐츠의 힘 : 책과 함께하는 아이 주도 여행

대중적으로 인기 있는 쪽은 수컷 원앙이지만, 나는 수수한 외모의 암컷 원앙을 훨씬 좋아한다. 우연히 아이들과 함께 〈원앙새끼의 첫 하강훈련〉이라는 EBS 다큐 영상을 접하고 나는 완전히 어미 원앙의 팬이 되어버렸다. 원앙은 부부 금실의 상징이지만, 사실 암컷 원앙은 '독박육아'의 아이콘이다. 수컷 원앙은 암컷이 산란을 마치는 순간 곁을 떠나버리고, 암컷 혼자 부화와 육아를 책임진다. 강변에 마른 잎과 가지로 둥지를 만드는 다른 오릿과 새들과 달리 원앙은 강변 인근의 높은 나무 위 빈 곳에 둥지를 튼다. 새끼들은 안전한 나무 둥지 안에서 태어나 날개가 마르자마자 둥지를 떠나 세상과 만나는데, 그 과정이 매우 특별하다.

둥지를 떠나는 날 암컷 원앙은 나무 둥지 밖으로 몸을 쭉 빼고 주

실전편

변을 몹시 경계하며 살피다 풀숲으로 먼저 폴짝 뛰어내린다. 그러곤 꽉꽉 소리를 내며 둥지 안에 있는 새끼들을 부르기 시작한다. 까마득한 나무 아래를 내려다보며 한참 망설이던 새끼 하나가 드디어 점프를 시도한다. 보통 새들은 날 수 있을 만큼 날개가 튼튼해져야 둥지를 떠나는데, 새끼 원앙의 날개는 너무 작아서 날 수 없는 상태다. 작은 날개를 버둥거리며 겨우 중심을 잡아보지만 나뭇가지에 걸려 중심을 잃고 고꾸라질 때도 있다.

새끼 원앙의 무게는 약 50그램, 민들레 씨앗처럼 가벼운 몸이라 착지의 충격은 거의 없지만 그 사실을 알고 뛰어내리는 것은 아닐 터인데 어미는 마지막 한 마리가 뛰어내릴 때까지 나무 밑에서 인내심을 가지고 끊임없이 새끼들을 격려한다. 그리고 모든 새끼가 무사히 착지한 것을 확인하고 나서야 새끼들을 이끌고 물가로 이동한다. 원앙은 새끼 입에 먹이를 넣어주는 후투티와 달리 어디에서 어떤 먹이를 먹어야 하는지 직접 시범을 보여준다. 현명하고 지혜로운 엄마다.

내가 생각하는 육아의 목표는 '독립'이다. 사실 이 부분에 있어서는 부모와 자식의 목표가 동일하다. 성장의 목표도, 양육의 목표도 결국은 이 사회에서 한 사람의 독립된 성인으로 잘 살아가기 위함이 아닌가. 동물의 일생을 다룬 책을 읽다 보면 독립에 관한 이야기가 자주 나온다. 동물마다 시기는 다르지만 반드시 독립의 순간이 온다. 나는 그런 책들을 읽을 때마다 아이들과 진지하게 이야기를 나눈다. 가끔은 등교 준비를 하고 현관문을 나서는 아이들을 향해 진

　　　　　　　　　　콘텐츠의 힘 : 책과 함께하는 아이 주도 여행

심을 담아 이렇게 말해준다. "오늘도 선생님께서 나중에 너희가 독립해서 살아갈 때 꼭 필요한 걸 가르쳐 주실 테니까 열심히 배우고 와!"

자기 일은 스스로 하도록 가르치고, 집안일은 최대한 함께한다. 원칙적으로는 이렇지만 사실 현실의 상황은 간단하지 않다. 내가 도와주면 금방 끝날 일에 훨씬 오랜 시간이 걸리고, 아이가 실수를 거듭하다 속상해하고 상처받을 일이 눈에 빤히 보여서 안쓰러운 마음이 들 때도 있다. 그렇지만 자기 몫의 일을 스스로 해내는 것은 아이의 자존감을 높여줄 뿐 아니라 발달에도 큰 도움이 된다.

둘째 아이가 유치원에 다니던 시절, 아이들 사이에서 종이 팽이가 선풍적인 인기를 끌었다. 소근육 발달이 미숙했던 아이는 색종이를 선에 맞춰 반으로 접는 것도 어려워해서 도저히 놀이에 낄 수가 없었다. 색종이 반 접기를 하염없이 연습해도 종이접기 실력은 좀처럼 늘지 않고 아이의 짜증만 늘어가던 어느 날, 빨래를 개다가 아이에게 수건 개기를 맡겨보았다. 나는 수건을 가로세로 두 번씩 접어 정리하는데, 생각해 보니 이 과정이 영락없는 종이접기였던 것이다. 서툰 솜씨로 수건을 개던 아이는 어느새 수건 개기 달인으로 거듭나 그해가 지나기 전에 종이 팽이를 제대로 접는 데 성공했다. 나중에는 슬쩍 양말 정리도 맡겨보았는데, 양말을 짝 맞춰 개는 활동은 어떤 시지각 훈련 교재보다 아이에게 도움이 되었다.

인내심을 가지고 격려하면 언젠가 반드시 해내리라는 것을 알면서도, 특히 내 마음의 여유가 없는 날이면 아이의 일을 대신 해치워

버리고 싶은 조바심이 슬금슬금 올라온다. 그럴 때마다 나는 다시 한번 유튜브에서 나의 육아 롤 모델을 찾아본다. 어미 원앙처럼 할 수 있다면 우리의 육아는 이미 성공이다.

● **여행 전 함께 보면 좋은 책 & 콘텐츠**

도서명	저자	출판사
우리 집에 원앙이 찾아왔어요	한병호	웅진북클럽
우드덕 이야기*	미나래	재미마주

* '수달 가족 문해력 그림책' 시리즈로, 〈원앙새끼의 첫 하강훈련〉 영상의 그림책 버전이다. 북 큐레이션과 함께 문해력 해설지 도안이 수록되어 있어 아이와 함께 읽기 좋은 책이다.

원앙새끼의 첫 하강훈련
(EBS 다큐프라임)

실전편

이야기가 있는
바다 여행

　　　반년이 조금 넘는 시간 동안 새에 관한 책을 100권쯤 읽고 나서, 아들은 마치 득도 후 하산하는 양 해양생물로 관심을 돌렸다. 해양생물에 대한 열정은 현재진행형이라 우리는 요즘도 거의 매주 바다에 가서 채집 활동을 하고, 여름이면 스노클링을 즐긴다. 해양생물의 세계는 바다만큼 넓고 깊어서 앞으로도 한참 더 신나게 유영할 수 있을 것 같다.

남들이 해수욕장에서 모래놀이와 물놀이를 즐길 때 우리는 해수욕장의 구석진 절벽 아래 바위틈이나 썰물에 드러난 조수 웅덩이를 찾아다닌다. 손바닥만 한 웅덩이에서도 제법 여러 종의 생물을 찾아볼 수 있다. 작은 고둥, 갈색꽃해변말미잘, 여러 빛깔의 해면…. 특히 촉수를 활짝 펼치고 있다가 손을 대면 금세 오그라드는 말미잘은 아이들에게 인기 만점이다.

좁은 돌 틈에 가만히 손을 모으고 기다리면 맨손으로 새우도 잡을 수 있다. 조금 더 큰 웅덩이에는 꽃처럼 아름다운 촉수를 가진 꽃갯

　　　　　　　　　　콘텐츠의 힘 : 책과 함께하는 아이 주도 여행

지렁이가 있고, 망둑어와 베도라치를 비롯해 다양한 물고기가 산다. 제주 바다에서는 깜찍한 외모의 해포리고기나 꽃잎 모양의 붉은 아가미를 가진 파랑갯민숭달팽이도 볼 수 있다. 우리 가족은 어디를 가든 바다가 보이면 차를 멈추고 내려가 생물을 관찰하기 때문에 차 트렁크에 항상 뜰채와 채집통, 휴대용 여과기를 싣고 다닌다. 바닥 매트를 털면 모래가 우수수 쏟아지고 차 안의 바닷물 냄새는 가실 날이 없다.

조수 웅덩이는 백색소음이 많고 자극이 적은 환경이라 산만한 아이들에게 특히 추천할 만하다. 주의집중력과 과제집착력은 책상 위에서만 길러지는 게 아니다. 바위틈에서 말미잘 하나를 오래도록 관찰해 본 아이가 책상에 진득하게 앉아 공부할 수 있고, 웅덩이에서 뜰채 하나로 30분간 사투하며 물고기 한 마리를 잡아본 아이가 어려운 수학 문제도 도전적으로 풀 수 있는 법이다.

바다는 그 자체로 훌륭한 체험학습장이라서 별다른 준비 없이 가도 늘 좋다. 그렇지만 조금만 더 신경 쓰면 훨씬 더 많은 것을 챙길 수 있는 곳이다. 자, 그럼 지금부터 바다 여행의 세계로 한 걸음 더 들어가 보자.

전통 어업 문화를 만나러 떠난
남해 여행

남해는 위치상 쉽게 선택할 수 있는 여행지는 아니지만, 바다와 물고기를 좋아하는 아이와 함께라면 놓쳐서는 안 되는 곳이다. 남해에는 전통 어업 문화와 관련된 명소가 여러 곳 있어 체험학습 여행지로도 손색이 없다.

초등학교 3학년 2학기 사회 시간에는 환경과 시대의 영향으로 달라지는 삶의 모습을 배운다. 고장의 환경에 따라 사람들의 직업과 생활 모습이 변화하는 양상을 배우고, 옛날 집과 풍속 등이 현대에 와서 어떻게 바뀌는지도 익히게 된다. 많은 아이들이 도시의 아파트에서 생활하기 때문에 어촌 마을에 가보는 것 자체가 특별한 경험이다. 바닷가 마을 특유의 짭조름한 냄새, 배를 가르고 내장을 뺀 생선을 빨랫줄에 걸거나 그물망에 펼쳐놓고 말리는 모습, 항구 한편에 켜켜이 쌓인 그물과 여러 가지 모양의 어구, 활기찬 분위기의 어시장과 즉석에서 회를 손질하는 모습. 아이들은 이처럼 일상적이지 않은 새로운 풍경에 매료된다.

우리는 2022년 가을에 처음 남해를 방문한 뒤 이곳의 매력에 푹 빠져 몇 차례 더 남해를 찾았다. 포털사이트에 '남해 가볼 만한 곳'을 검색하면 주로 다랭이마을, 남해독일마을, 보리암(한려해상국립공원), 남해보물섬전망대, 몽돌해변 등이 추천 여행지로 뜬다. 그러나 우리가 매년 남해를 방문하는 이유는 오로지 '석방렴' 때문이다. 추천

여행 리스트나 가이드북에 나오지도 않는 이곳을 우린 아주 사소한 계기로 발견했다. 숙소와 시내를 오가며 반복적으로 지나던 길에 석방렴이라고 적힌 작은 표지판을 발견하고 호기심이 생겨 검색해 본 것이다.

석방렴은 해안가에 돌로 담을 쌓아 물고기를 잡는 전통적인 어업 방식으로, 남해뿐 아니라 서해안이나 제주 등지에서도 볼 수 있다. 지역에 따라 독살, 원담 등 다양한 이름으로 불린다. 남해 석방렴은 규모가 크지 않지만 원형이 잘 보존된 편이고, 썰물시간에 맞춰 가면 꽤 다양한 해양생물을 관찰할 수 있다. 해안가에 동그랗게 쌓인 둑이 평소에는 물에 잠겨 있다가 썰물이 되면 모습을 드러내는데, 미처 빠져나가지 못한 물고기들이 석방렴 안에 갇히기 때문이다.

복섬, 성대, 그물코쥐치, 베도라치, 볼락, 일곱망둑, 군소(바다달팽이), 연잎성게, 보말고둥. 우리가 석방렴에서 뜰채 낚시로 채집한 해양생물들이다. 석방렴 안쪽은 돌도 별로 없는 평평한 모랫바닥이고 굴껍데기나 해조류로 뒤덮인 바위도 없어서 비교적 안전한 채집 활동이 가능하다.

우리는 준비해 온 채집통에 휴대용 여과기를 설치하고 남해에 머무는 내내 물고기를 관찰했다. 물고기 중에는 주변 환경에 따라 색을 바꾸는 종이 많아서 관찰하는 재미가 쏠쏠하다. 계절에 따라 바뀌는 어종을 발견하는 것도 흥미롭다. 특히 가을철에는 엄청나게 많은 수의 그물코쥐치를 볼 수 있는데, 꼬리지느러미를 부채처럼 접었다 펼치며 헤엄치는 모습이 퍽 귀엽다.

남해에서 두 번째로 놓치지 말아야 할 포인트는 '죽방 멸치'다. 사실 남해를 방문하기 전에는 죽방 멸치가 '햇사레 복숭아'처럼 지역 특산물 브랜드인 줄 알았다. 그런데 알고 보니 죽방렴으로 잡는 멸치를 뜻하는 말이었다. 죽방렴은 물살이 드나드는 좁은 바다 물목에 대나무발 그물을 세워 물고기를 잡는 전통 방식이다. 석방렴처럼 조수간만의 차를 이용하는 방법인데, V자 형태로 된 그물을 보면 물이 들어오는 입구는 넓고 빠져나가는 쪽은 좁아서 물고기가 한번 들어오면 벗어나기 어렵다. 이렇게 갇힌 멸치를 뜰채로 떠서 잡기 때문에 그물 낚시로 잡는 일반 멸치보다 손상이 적고 신선도가 높은 최상품이다.

죽방 멸치에 대해 알고 싶다면 먼저 죽방렴 홍보관에 들러보자. 죽방렴의 전체 구조를 미니어처 형태로 전시해 두었고 원리도 상세하게 설명되어 있다. 게다가 다양한 어구의 형태를 사진 자료로 볼 수 있고 멸치 잡기 게임도 할 수 있다. 홍보관에서 멀지 않은 곳에는 죽방렴 관람대가 있다. 남해 지족해협 일대에는 죽방렴이 여러 곳 있는데, 이 관람대에 가면 죽방렴 안쪽을 자세히 관찰할 수 있어 아주 흥미롭다. 죽방렴에는 멸치뿐 아니라 다른 물고기가 걸리기도 해서 간혹 멸치 떼 사이로 반짝거리는 은빛 갈치도 몇 마리 섞여 있다. 남해에는 죽방 멸치 판매점이 여러 곳 있어 지역 특산물도 살펴볼 겸 아이와 함께 들러보면 좋다. 우리가 방문한 판매장에서는 마침 죽방 멸치 선별 작업을 하고 있었는데, 마른 멸치에 종종 섞이는 꼴뚜기나 새우뿐만 아니라 실고기와 복섬 등 재미난 생김새의 물고기도 구경할 수 있었다.

남해 여행을 앞두고는 아이와 함께 어떤 책을 읽어보면 좋을까? 먼저 《멸치 대왕의 꿈》과 《멸치 챔피언》은 미취학 아동도 읽기 좋은 책이다. 《멸치 대왕의 꿈》은 4학년 2학기 국어 교과서 수록 도서이기도 하다. 동해에 사는 멸치 대왕은 어느 날 아주 묘한 꿈을 꾼다. 별안간 대왕의 몸이 하늘 높이 치솟았다가 땅으로 뚝 떨어지고, 날씨가 더웠다 추웠다 하는 것이다. 이에 멸치 대왕은 가자미에게 꿈

실전편

풀이를 잘하기로 소문난 서쪽 바다 망둑어를 데려오게 한다. 망둑어는 멸치 대왕의 꿈 이야기를 듣더니 멸치 대왕이 용이 되어 구름을 타고 다니며 날씨와 사계절을 다스릴 거라는 기막힌 꿈풀이를 해준다. 갖은 고생을 하며 망둑어를 데려오고도 수고했다는 말 한마디 듣지 못해 심통이 난 가자미는 이 이야기를 옆에서 듣다가 전혀 다른 해몽을 해준다.

이 책은 꿈풀이를 소재로 여러 바다 생물들의 생김새에 대한 유래를 찰떡같이 담아낸 데다 분량도 길지 않아서 자기 전 함께 읽기 딱 좋다. 이 책을 읽은 지 벌써 몇 년이 훌쩍 지났는데, 아이들이 요즘도 특별한 꿈을 꾼 날 아침이면 꿈풀이를 해달라며 방문을 두드린다. 독후 활동으로 죽방 멸치 판매장에서 멸치 대왕을 찾아보는 일도 흥미로울 것이다.

《멸치 챔피언》은 아들이 초등학교 1학년 때 완전히 꽂혀서 수십 번 반복해서 읽었던 책이다. 그만큼 재밌다. 이 책은 (햇빛과 바람을 맞으며 자연적으로 성장해 몸집은 작지만 다양한 영양소를 섭취한) 자연식품의 대표선수 '스몰치'와 (포화지방, 당, 나트륨을 많이 섭취해 커다란 몸을 가진) 정크푸드의 대표선수 '빅크'의 박진감 넘치는 권투경기를 보여준다. 평소 편식하던 아이라도 이 책을 읽고 남해 죽방 멸치를 보면 젓가락을 들 수밖에 없다.

인터넷서점에 '죽방렴'을 검색하면 유일하게 나오는 책《미운 멸치와 일기장의 비밀 : 남해 죽방렴 이야기》도 빼놓을 수 없다. 대전에 살던 은수는 멸치잡이를 하겠다고 선언한 아빠를 따라 남해 어촌마을로 이사하는데, 전학 간 학교에 적응하지 못하고 힘들어하던 어느 날 아빠를 도와 어장막 청소를 하다 알 수 없는 일본어로 가득한 종이 뭉치를 발견한다. 다름 아닌 일제강점기 우리나라 멸치를 수탈하기 위해 남해에 왔던 일본인의 딸 미야꼬의 일기장이다. 이 책은 성장소설인 동시에 남해 죽방렴의 구조를 상세히 설명하고 있어 죽방 멸치에 얽힌 역사적 사실과 가치를 이해하는 데 도움이 된다. 글이 꽤 많아서 초등학교 고학년 이상 아이들에게 추천한다.

우리나라 바다를 대표하는 물고기들의 생김새와 생태를 소개하는 '세밀화로 그린 우리 바닷물고기' 시리즈도 바다를 여행할 때 꼭 챙겨 가는 책이다. 이 책을 쓴 물고기 박사 명정구 선생님은 해양생물학자로, 40여 년간 전 세계 바다를 누비며 수중 탐사를 해왔고 특히 아이들을 위한 물고기 도감을 많이 집필했다.

실전편

아들의 급속한 언어 발달에는 명정구 선생님의 공이 크다. 아이가 이 시리즈를 워낙 좋아해서 하루에 한두 시간씩 함께 소리 내어 읽다 보니 어휘력이 부쩍 늘었다. 삽화를 그린 조광현 작가는 평소 바닷속에 들어가 물고기 관찰하기를 즐긴다고 한다. 그래서인지 물고기별 특징을 기막히게 잘 살린 세밀화를 볼 수 있다. 아들은 이 책을 초등학교 1학년 때부터 종이가 닳도록 읽더니 이제 어지간한 바닷물고기는 물속에서 지나가는 것만 봐도 알아맞힌다.

● **여행 전 함께 보면 좋은 책 & 여행지 관련 정보**

도서명	저자	출판사
멸치 대왕의 꿈	천미진	키즈엠
멸치 챔피언	이경국	고래뱃속
미운 멸치와 일기장의 비밀	최은영	개암나무
남실 남실 남해 바다 물고기	명정구	보리

석방렴
(썰물시간에 방문 추천)

죽방렴홍보관

죽방렴관람대

콘텐츠의 힘 : 책과 함께하는 아이 주도 여행

토끼와 거북이를 찾다가 삼천포에 빠지다
사천 여행

　　가족 여행으로 3박 4일간 사천에 다녀와서 너무 좋았다고 주변에 이야기했더니 대부분 사천이 어느 지역에 있는지 잘 알지 못했다. 사천은 남해와 같은 경상남도에 있으며 남해와는 차로 한 시간 남짓 떨어져 있다. 바로 이 사천에 둘째 아이가 2023년 최고의 여행지로 꼽은 비토섬이 있다. '사천 가볼 만한 곳'을 검색하면 가장 상위로 랭크되는 곳은 아라마루 아쿠아리움, 사천케이블카, 사천항공우주과학관이다. 비토섬은 순위권 안에 들지도 못한다(우리 가족의 여행 취향은 그리 대중적이지 않은 듯하다).

비토飛兎는 말 그대로 '나는 토끼'라는 뜻이다. 섬 모양이 하늘로 날아오르는 토끼 형상을 닮아 붙여진 이름이라고도 하고 《별주부전》 뒷이야기와도 관련이 있다. 비토섬은 1992년 비토교와 거북교가 개통되면서 육지와 연결되었는데, 이름처럼 토끼와 거북이의 전설을 품은 곳이다.

사실 《별주부전》 관련해서는 원조를 주장하는 지자체가 여럿 있다. 그도 그럴 것이 고전이라 판본에 따라 내용에 조금씩 차이가 있기 때문이다. 《토생전》에는 북해 용궁 광택왕이, 《별주부전》에는 동해 용궁 광현왕이, 판소리 〈토별가〉와 〈수궁가〉에는 남해 용궁 광리왕이 등장한다. 사천시는 판소리 〈수궁가〉가 소설 《별주부전》보다 먼저 나왔고, 이야기에 등장하는 전어나 서대 같은 어종이 주로 서해안과 남해안에서 잡히기 때문에 별주부전의 배경을 남해안 사천으로 보는 것이 가장 합당하다고 주장한다. 원조 논란을 떠나 비토섬은 바닷속에 정말 용왕이 살 법한 천혜의 자연환경을 가졌다. 맑은 물빛과 풍부한 해산물, 그리고 흥미로운 이야기를 간직한 작은 부속 섬들까지.

우리는 지역 주민이 호스트로 참여하는 로컬 공정여행 플랫폼 '잇다오지'에서 운영하는 생활관광 프로그램에 참여했다. 비토섬 내 지정 숙박 시설에서 2박 이상 숙박하는 여행자에게 체험비 할인과 섬에서 쓸 수 있는 현금 쿠폰 지급 등의 혜택을 제공하는 프로그램이다. 현지에서 지출하는 여행 관련 비용 전부가 지역 주민에게 돌아가는 구조다.

프로그램 체크인을 위해 비토어촌체험휴양마을 사무실을 찾았다가 우연히 잇다오지의 변태만 대표를 만났다. 사천에서 어린 시절을 보낸 그는 폐교가 된 비토초등학교를 리모델링한 사무실에서 주민 참여형 마을 여행 활성화 사업을 하고 있다. 많은 도서 지역이 그렇듯 비토섬은 전형적인 인구 감소 지역이다. 그런데 생활관광 프로그램을 통해 가족 단위 여행객 방문이 늘자 마을에 활력이 생겨 지역 주민도 반기고 있다고 했다.

실제로 우리는 아이들과 함께 섬 곳곳을 여행하며 많은 관심과 환대를 받았다. 서울에서 오랫동안 디자이너로 일하다 섬에 정착해 몸에 좋은 쌀빵을 만드는 '함베이글' 주인장은 큰아이가 여행 신문에 작성한 토끼빵 기사를 보고 감동하며 갓 구운 쌀빵을 선물로 안겨주었다. 비토해양낚시공원에서는 '낚린이'인 우리 가족이 헤매고 있을 때 베테랑 낚시꾼들이 각종 장비를 동원해 도움을 주었다. 때로 여행은 아름다운 풍경보다 그곳에서 만난 사람들로 기억되는데 비토섬이 딱 그런 곳이었다.

비토섬 생활관광 프로그램에 포함된 체험 활동 중 우리는 섬 트레킹(토끼와 거북이 여행), 굴 껍데기 그림 그리기, 낚시를 선택했다. 섬 트레킹은 사천 어촌계 소속 바다 해설사와 함께 월등도와 토끼섬, 거북섬을 걷는 코스다. 우리가 흔히 아는 《별주부전》은 토끼가 거북의 꾐에 넘어가 용궁에 갔다가 기지를 발휘해 탈출하는 이야기다. 그런데 비토섬에는 또 다른 이야기가 숨어 있다. 월등도는 토끼가 용왕에게 보름이면 간을 넣고 그믐이면 간을 꺼내어 계수나무 가지에 매달아 말린다고 했던, 바로 그 계수나무가 있는 섬이다. 그런데 용궁을 빠져나와 거북이 등에 올라타고 뭍으로 돌아오던 토끼가 달빛에 반사된 월등도의 그림자를 섬으로 착각하고 성급하게 뛰어내리는 바람에 바다에 빠져 죽는다. 그 자리가 바로 지금의 토끼섬이다. 토끼가 죽자 빈손으로 용왕에게 돌아갈 수 없었던 거북도 그 자리에 멈춰 죽고 마는데, 그곳이 바로 거북섬이 되었다고 한다. 제주 올레를 시작으로 전국적으로 길 만들기가 유행하면서 지역마다 다양한 걷기 코스를 만날 수 있지만, 마을의 작은 이야기와 함께하는 트레킹은 더욱 특별하다.

우리 가족이 두 번째로 선택한 굴 껍데기 그림 체험은 마을 안에 위치한 작은 갤러리에서 진행되었다. 이곳엔 버려지는 굴 껍데기를 예

쁘게 손질해서 목걸이와 장식품을 만드는 일명 '업사이클링 체험'
도 있다. 아이들이 좋아하는 캐릭터 도안도 다양하게 준비되어 있
어 시간이 후딱 지나간다.

마지막으로 고른 낚시 체험은 바닷가에 떠 있는 덱에서 할 수 있었
는데, 기본 장비를 무료로 대여해 주고 제한 시간도 없어서 유유자

콘텐츠의 힘 : 책과 함께하는 아이 주도 여행

적한 오후를 보내기 좋았다. 우리가 방문한 6월에는 볼락과 갑오징어가 많이 잡혔는데, 둘째 혼자 볼락 네 마리를 잡는 기염을 토했다. 옆 동네 고성만큼 많이 알려지진 않았지만 비토섬은 화석의 보고이기도 하다. 우리는 여행 첫날 안면을 튼 잇다오지 대표의 안내로 숨은 화석 산지를 찾았다.

비토섬 해안가에서는 국내에서 가장 오래된 새 발자국 화석을 비롯해 다양한 공룡 발자국이 발견되고 있고, 백악기 나뭇가지 피복체 산지도 있다. 한국지질유산연구소 김경수 소장에 따르면 사천 해안가에는 모두 60군데 정도의 화석 산지가 있다고 한다. 사천은 리아스식 해안이 발달한 지역이라 해안가 암석이 많이 노출되어 있어서 화석 발견이 상대적으로 용이하다는 것이다. 해안가 화석들은 물때에 따라 수면 위로 노출되어 누구나 가까이 접근해서 관찰할 수 있다. 화석과 공룡에 심취한 아이와 함께라면 놓쳐서는 안 될 여행지다.

섬 안을 충분히 구경했다면 이제 삼천포에 빠질 시간이다. 비토섬에서 사천대교를 건너 차로 30분쯤 가면 삼천포용궁수산시장이 나온다. 어촌에 있는 수산시장 중에서도 큰 규모로 손꼽히고 어종이 풍부해서 구경하는 맛이 있는 곳이다.

그나저나 삼천포에 왔으면 아이들에게 '삼천포로 빠진다'는 표현 정도는 알려줘야 하지 않을까? 우리 아이들이 가장 잘하는 일이 삼천포로 빠지는 것이니 말이다. 보통 대화 중 다른 주제로 흘러갈 때 쓰는 이 말에는 유래가 열 가지쯤 있다. 대표적으로는 옛날 부산에서 출발해 진주로 가는 기차가 중간 지점에서 진주행과 삼천포행 객차로 분리 운행될 때 안내 방송을 놓친 사람들이 엉뚱하게 삼천포로 가는 경우가 많아 생긴 말이라는 이야기가 전해진다. 비록 1995년 사천군과 삼천포시가 사천시로 합쳐져 삼천포라는 지명은 역사의 뒤안길로 사라졌지만 언어의 생명력은 강해서 여전히 많은 사람들이 습관적으로 이 말을 쓴다.

여행은 가끔 삼천포로 빠져야 재밌다. 우리는 이날도 사천대교를 지나다 무지갯빛 해안도로가 예쁜 해안가 마을을 보고 무작정 차를 돌렸는데, 그곳에서 생각지도 못한 석방렴을 마주쳤다. 때마침 썰물시간이라 석방렴 안쪽을 구경하고 있는데, 갑자기 아이가 오징어를 발견했다며 잔뜩 흥분한 목소리로 나를 불렀다. 얼른 차 트렁크에서 뜰채와 채집통을 꺼내 잡고 보니, 귀가 길고 다리가 짧은 것이 영락없는 한치였다. 뜻밖의 발견에 신이 난 남매는 라면에 퐁당 빠진 한치 한 마리를 사이좋게 나눠 먹었다.

사천 여행 전 읽어야 할 책은 당연히 《별주부전》이다. 《별주부전》은 초중고 교과서에도 나오고 심지어 수능시험 문제로 출제된 적도 있다. 다만, 고전 시리즈는 난도가 높은 편이라 초등학교 저학년 이하 아이들에게는 《토끼와 자라》를 추천한다.

앞서 말했듯이 《별주부전》은 판본에 따라 배경이 되는 바다가 다른데, 웅진주니어에서 나온 《별주부전》은 남해가 배경이라 남해 용왕 광리왕이 등장한다. 판소리 느낌을 맛깔나게 살린 책이기 때문에, 혼자 읽을 수 있는 아이라도 부모가 함께 소리 내 읽어보기를

콘텐츠의 힘 : 책과 함께하는 아이 주도 여행

추천한다. 가능하면 소리꾼에 빙의해서 열연해 보자. 어휘는 다소 난도가 높지만, 재미있는 의성어와 의태어가 많고 읽는 맛도 있어서 책 한 권을 생각보다 금방 본다. 강자를 위해 약자를 희생시키는 것이 과연 정당한지 등 윤리적 문제도 잘 짚고 있어서 아이와 이야기 나눠볼 만한 부분도 많다.

《비토섬의 전설》은 토끼가 기지를 발휘해 용궁에서 도망치고 난 후의 이야기를 담고 있다. 비토섬 트레킹을 하며 듣게 되는 토끼섬과 거북섬 이야기와는 또 다른 상상력을 발휘한 책이어서 여행을 마친 후에 읽어보면 더 좋을 것 같다.

공룡과 화석 관련 책도 몇 권 읽고 가면 좋다. 가능하면 다음 추천도서를 순서대로 읽어보자. 땅을 계속 파다 보면 오랜 옛날 지구에 살던 생물들의 흔적이 나오고, 지금도 공룡 화석을 우연히 발견할 수 있다는 것. 1억 년 전 한반도는 공룡의 천국이었고, 한국에서 최초로 발견되어 국내 지명을 딴 공룡 이름도 여럿 존재한다는 것. 이런 배경지식을 장착하고 사천의 화석 산지를 둘러본다면 훨씬 특별하고 기억에 남는 시간이 될 것이다.

● **여행 전 함께 보면 좋은 책 & 여행지 관련 정보**

도서명	저자	출판사
토끼와 자라	성석제	비룡소
별주부전	김해원	웅진주니어

비토섬의 전설	정대근	파란하늘
지구 반대쪽까지 구멍을 뚫고 가 보자	페이스 맥널티	서돌
공룡 화석을 발견한 소녀	캐서린 브라이턴	미래아이
우리나라 공룡 지도책	임종덕, 최설희	상상의집

한국의 재미있는 표현 #31 : 삼천포에 빠지다
(유튜브 한이재미)

사천의 지질과 화석 소개 영상
(비토섬 공룡 발자국 화석 산지)

사천거북선농어촌체험 휴양마을
(석방렴)

콘텐츠의 힘 : 책과 함께하는 아이 주도 여행

산에
빠지다

       우리 아이들은 포켓몬에 푹 빠져 산다. 집에는 포켓몬스터 닌텐도 게임팩과 봉제 인형 한 무더기, 엄청난 양의 피규어가 있다. 어디 그뿐인가. 아이들의 보물 상자를 열어 보면 지방별 포켓몬 도감을 비롯해 시리즈별 포켓몬 카드와 포켓몬빵 스티커가 전용 앨범과 케이스에 차곡차곡 정리되어 있다. 아이들은 차를 타고 장거리 이동을 할 때면 포켓몬스터 역할놀이를 하고, 도감을 보며 포켓몬을 따라 그리거나 새로운 포켓몬을 디자인하는 데 많은 시간과 노력을 쏟는다.

솔직히 이런 모습을 보면 마음이 편치 않을 때가 많다. 그 시간에 책을 한 권 더 읽고, 영어 영상을 한 편 더 보고, 수학 문제 하나라도 더 풀면 얼마나 좋을까. 그러나 앞선 사례에서 봤듯 아이의 관심사를 잘만 활용하면 온 가족의 즐거운 시간을 계획하는 데 큰 도움이 될 뿐 아니라, 아이 성장의 '치트 키'가 될 수도 있다.

만약 집에 불이 나서 중요한 물건 몇 가지만 챙겨야 한다면 나는 아

실전편

콘텐츠의 힘 : 책과 함께하는 아이 주도 여행

이들 금반지와 성장 앨범, 그리고 포켓몬 피규어 상자를 챙길 것이다. 족히 100개쯤 되는 피규어는 아이들이 1년이 넘는 시간 동안 등산을 하고 동네 쓰레기를 주우며 하나하나 '사냥'해 온 것들이기 때문이다.

아들이 발달지체 판정을 받은 후, 집 근처 발달센터를 수소문해서 언어치료·인지치료·놀이치료 수업으로 한 주를 꽉 채우고 나니 감각통합치료에 쓸 돈과 시간의 여유가 없어졌다. 아이는 여러모로 감각통합치료가 필요한 상태였다. 감각통합은 자신의 신체와 외부 환경에서 제공되는 다양한 감각을 조직화하는 신경학적 과정인데 일반적으로 성장하면서 자연스럽게 발달한다. 감각통합에 문제가 있는 경우 특정 자극에 지나치게 민감하거나 둔감한 모습을 보이고, 유난히 산만하거나 신체 협응력이 떨어지기도 한다. 근육긴장도가 낮아 자세가 쉽게 흐트러지고 힘없이 늘어진 듯한 인상을 주는 경우도 있다.

가정에서 아이를 도와줄 방법이 없을까 고민하다가 '등산이 최고의 감각통합 활동'이라는 치료사 선생님의 조언을 듣고 무작정 아이들 손을 잡고 주말마다 산에 다니기 시작했다. 처음 동네 뒷산에 갔을 때 아이는 스스로 한 발짝도 움직이려 하지 않았다. 어르고 달래고 간식으로 유혹해 가며 산에 오르기를 반복하던 어느 날, 무심코 아이들이 좋아하는 애니메이션을 보다 무릎을 쳤다. 포켓몬 트레이너들이 숲속에서 야생 포켓몬을 사냥하는 게 아닌가.

그다음부터 나는 아이들 손에 장난감 몬스터볼을 하나씩 쥐여주고 전국의 산을 누비기 시작했다. 때마침 코로나19가 정점이던 시기여서 대면접촉이 거의 없는 야외 활동인 등산은 가장 좋은 여행법이기도 했다. 처음에는 동네 뒷산도 힘들어하던 아이들이 횟수를 거듭하며 등산에 재미를 붙였고, 블랙야크 100대 명산으로 선정된 여러 곳의 정상을 오르며 자신감을 얻었다.

좋아하는 만큼
성장한다

우리 가족의 포켓몬 사냥은 나름의 세계관 안에서 진행되었는데 강한 포켓몬일수록 산 정상에서 등장하고, 산의 이름이나 위치에 따라 출현하는 포켓몬의 종류가 달라진다. 이를테면 백마산에서는 말 포켓몬 '포니타'를 잡을 확률이 높고, 바다나 강과 인접한 산에서는 물 타입 포켓몬이 등장할 확률이 높다는 식이다. 산마다 다른 야생 포켓몬이 살고 있고 일단 한번 사냥에 성공하면 동일한 산에서는 더 이상 포켓몬을 잡을 수 없다. 또 자신의 힘으로 모험을 완수해야 진정한 포켓몬 트레이너로 인정받을 수 있으므로, 등산의 전 과정은 다른 사람의 도움 없이 스스로 해내야 한다.

당시 우리는 이 세계관에 꽤 심취해 있어서 등산이 마치 현실판 '포켓몬 고'처럼 느껴졌다. 정상에 가까워지면 나는 '포켓몬의 기운을

느끼기 위해' 아이들보다 한발 앞서 올라가 여기저기 피규어를 숨겨두었다. 작은 피규어를 일부러 나무 구멍이나 낙엽 밑, 바위틈 등 쉽게 찾기 어려운 곳에 숨기기 때문에 체력뿐 아니라 관찰력과 집중력, 시지각 능력까지 한 번에 키울 수 있는 활동이다. 아이의 특별한 성장을 가능하게 한 양대 축의 하나가 독서와 글쓰기라면, 나머지 하나는 여행과 등산일 것이다.

포켓몬 사냥은 국내에서 더는 새로운 피규어를 구할 수 없을 때까지 계속되었다. 당시 유치원생이었던 아들은 포켓몬이 산에 살고 있다고 철석같이 믿었고, 두 살 위 누나는 동생을 위해 끝까지 비밀을 지켜주었다. 등산은 요즘도 자주 하는데 이제는 포켓몬 사냥이 아니라 보물찾기 이벤트를 한다. 아이들은 여전히 등산을 가자고

하면 신나게 따라나선다. 다만 이제는 내가 아이들 체력을 따라갈 수 없어서 지칠 때면 아이들이 내 손을 잡아준다.

우리나라는 국토의 약 70퍼센트가 산으로 둘러싸여 있고 집 근처에도 좋은 산이 많다. '등산의 민족'이어서일까, 어지간한 동네 뒷산도 잘 정비된 등산로를 갖추고 있다. 어느 지역을 여행하든 지역의 명산이 꼭 있어서 여행 일정 중 반나절 정도 등산하기 좋다. 꼭 포켓몬이 아니라도 아이의 관심사 중 등산과 연결할 만한 소재가 분명히 있을 것이다. 누구든 이 글을 읽고 나면 부디 아이 손을 잡고 산에 올랐으면 좋겠다.

산이 주는 선물을
마음껏 누린다

원래 나는 등산에 대해 일말의 관심도 없었을뿐더러 등산의 목적 자체에 의구심을 품고 있었다. 어차피 다시 내려와야 하는데 왜 굳이 힘들게 올라가는지 이해할 수 없었다. 그런데 직접 경험해 보니 등산의 효과는 이루 말할 수 없을 정도로 크다.

먼저, 아이들과 많은 대화를 나눌 수 있다. 산은 잠시도 한눈팔 수 없는 공간이다. 자유분방하게 튀어나온 나무뿌리와 돌부리, 크고 작은 바위를 헤치면서 구불구불한 흙길을 걸어야 한다. 당연히 스

콘텐츠의 힘 : 책과 함께하는 아이 주도 여행

마트폰 따위를 볼 여유가 없다. 그렇다 보니 산에서 할 수 있는 것은 대화뿐이다. 크고 작은 일들을 조잘조잘 공유하는가 하면, 등산을 마치고 내려가 어떤 음식을 먹으면 좋을지 진지한 토론도 하고 끝말잇기도 한다.

아들은 등산을 통해 다양한 어휘를 익혔다. 오르막길, 내리막길, 구불구불하다, 평탄하다, 험하다, 가파르다, 숨차다, 상쾌하다, 뿌듯하다…. 그 무렵 나는 집 안에 있는 수많은 물건에 그림 카드를 붙여가며 아이와 어휘 학습을 했다. 냉장고와 세탁기를 구분하는 데도 많은 시간을 쏟았던 아이가 신기하게도 이렇게 몸으로 익힌 단어는 좀처럼 잊어버리지 않았다.

등산의 또 다른 효과는 아이들에게 성취감과 자신감을 안겨준다는 것이다. 산은 올라가면 반드시 내려와야 한다. 포켓몬 트레이너들이 각 지방의 체육관을 방문하여 배틀을 통해 체육관 배지를 모으는 것처럼 한 곳씩 '도장 깨기'를 하며 정복하는 맛이 있다. 높은 산일수록 부모와 함께 등산하는 어린이 등산객이 드물기 때문에 지나가는 어른들에게서 듬뿍 받는 칭찬은 덤이다. 어느 겨울날에는 등산화에 미끄럼 방지용 아이젠을 착용하고 한국에서 여섯 번째로 높다는 함백산에 올랐다. 바로 전날 내린 함박눈으로 산 정상에는 온통 새하얀 눈꽃이 만발했다. 설산에 오르기란 어른들에게도 쉽지 않은 일이라 아이들은 어느 때보다 많은 응원과 박수를 받았다.

산은 생태 감수성을 키울 수 있는 곳이기도 하다. 매번 등산할 때마다 다양한 동물들을 만난다. 봄에는 개구리와 뱀을 자주 보고, 여

실전편

름과 이른 가을에는 왕사마귀와 사슴벌레를 비롯한 다양한 곤충,
다람쥐나 청설모 같은 귀여운 친구들과 쉽게 마주친다. 늦가을과
겨울, 이른 봄날에는 새들이 산의 주인이다. 드물게는 고라니를 볼
때도 있다. 새는 사계절 만날 수 있지만 낙엽이 지고 난 겨울철에
가장 눈에 잘 띈다. 봄 산에는 고사리가, 여름 산에는 오디와 산딸

콘텐츠의 힘 : 책과 함께하는 아이 주도 여행

기가, 가을 산에는 다양한 버섯과 도토리 그리고 가시가 뾰족한 밤송이가 있다.

더 본격적인 생물 관찰을 위해서는 뚜껑에 돋보기가 달린 작은 채집통을 들고 다니는 편이 좋다. 이렇게 생물 관찰을 하고 돌아온 날이면 관련 책을 찾아 한 주 내내 함께 읽는다. 고라니를 보고 온 날은《고라니 텃밭》을 읽고, 사마귀를 보고 온 날은《먹고 또 먹고 우리 집 왕사마귀》를 읽는 식이다. 오솔길이 '오소리가 다니는 길'에서 유래했다는 것도, 멧돼지와 고라니는 유해야생동물이라 집중 포획 기간이 있다는 것도 산을 다니며 알았다. 아이들과 동물권에 관해 이야기를 나누는 계기도 되었다.

나는 등산을 통해 많은 위로를 받고 자신감을 얻었다. 육아 과정 중 아이가 보여주는 '퍼포먼스'는 부모의 자존심이다. 그런 면에서 나는 중간 낙제점을 받고 육아를 처음부터 다시 시작했다. 특히 아이의 발달검사 결과표는 수치화된 성적표처럼 느껴져 마음이 더욱 힘들었다. 그런데 등산과 여행을 통해 아이들이 행복하게 성장하는 모습을 지켜보면서 부모 역할에 자신감이 붙었다.

가끔 등산로에서 청소년기 아이들과 산에 오른 선배 부모들을 만난다. 사춘기에 갑자기 방문을 걸어 잠근 아이와 대화를 해보겠다고 등산을 시작한다면 어려울 것이다. 언젠가 사춘기 아이들과 산길을 걸으면서 이런저런 속 이야기를 나눌 때를 꿈꾸며 우리 가족은 요즘도 관계를 저축하듯 열심히 산에 오른다.

산은 그냥 가도 좋지만 책과 함께하면 훨씬 좋다. 시중에는 어린이를 위한 생물 도감뿐 아니라 숲속에서 만날 수 있는 다양한 동식물 이야기가 담긴 좋은 그림책도 많다. 한발 더 나아가 동물권 관련 책도 읽어보고 숲과 야생동물 보호에 대해 함께 고민해 보자.

● **여행 전 함께 보면 좋은 책**

도서명	저자	출판사
탐험! 숲체험 생물 도감	이치니치 잇슈	한빛라이프
봄·여름·가을·겨울 숲속생물도감	한영식	진선아이
선생님들이 직접 만든 이야기식물도감	박헌우 외 3인	교학사
고라니 텃밭	김병하	사계절
학교 뒷산에 오솔길이 있어	이영득	비룡소
먹고 또 먹고 우리 집 왕사마귀	정미라	한울림어린이
참나무는 참 좋다!	이성실	비룡소
숲 청소부 버섯	김성호	비룡소
아늑한 마법	손 테일러, 알렉스 모스	다림
겨울잠 자니?	보리	보리
숲 속 동물들이 사라졌어요	황보연	웅진주니어
로드킬, 우리 길이 없어졌어요	김재홍	스푼북
생태 통로	김황	논장
지혜로운 멧돼지가 되기 위한 지침서	권정민	보림

콘텐츠의 힘 : 책과 함께하는 아이 주도 여행

한라산 구상나무 숲에 서서
환경문제를 고민하다

아이들은 '가장'을 참 좋아한다. 세상에서 가장 키가 큰 사람, 가장 키가 작은 사람, 가장 오래 산 사람 등등. 등산을 시작하며 아이들은 세계에서 가장 높은 산과 우리나라에서 가장 높은 산에도 관심을 두기 시작했다. 한반도에서 가장 높은 산은 백두산이지만, 백두산은 북한과 중국의 경계에 있어 국내에서는 접근이 불가능하다. 대한민국 영토 안에서 가장 높은 산은 해발고도 1947미터의 한라산이다. 한라산은 한국 최고의 산이라는 상징성도 있지만, 생태환경 교육에 관심이 있다면 빼놓지 말고 들러봐야 하는 곳이다.

한라산에 오르는 길은 다양한 선택지가 있지만, 아이들과 함께하기에 가장 무난한 코스는 영실이다. 영실 탐방로는 1280미터 지점에서 출발하여, 쉬엄쉬엄 올라도 두 시간 남짓이면 윗세오름 1700미터 고지에 다다른다. 중간중간 가파른 계단 길이 있지만 쉬어 갈 곳도 많고 경치가 워낙 좋아서 오르는 맛이 있다.

그런데 산행을 시작하고 한 시간쯤 지나면 등산로 주변 침엽수림 곳곳에 하얗게 말라서 뿌리를 드러낸 채 쓰러진 나무들이 눈에 띄기 시작한다. 한반도 고유종 구상나무다. 제주 구상나무는 1920년 영국 출신 식물학자 어니스트 윌슨에 의해 세상에 알려졌고, 종자개량을 통해 세계에서 가장 인기 있는 크리스마스트리로 거듭났다.

우리나라에서는 한라산, 지리산, 무등산, 덕유산 등 해발 1000미터 이상의 고산지대에서 주로 자라며, 그중에서도 한라산은 구상나무의 최대 군락지다. 구상나무 잔가지를 정면에서 보면 방사형으로 촘촘히 펼쳐진 잎 모양이 활짝 핀 국화꽃 같다. 5~6월이면 솔방울처럼 생긴 암꽃이 피는데, 붉은빛과 보랏빛 등 다채로운 색을 띤다.

안타깝게도 이 아름다운 구상나무가 기후변화로 인해 빠르게 사라지고 있다. 구상나무의 고사 원인으로는 이상고온과 가뭄·태풍 같은 자연재해, 잎 녹병을 비롯한 병해 확산 등이 거론된다. 환경오염으로 인한 서식지 토양의 질소 과잉 축적을 주원인으로 지목하는 전문가도 있다. 그러나 전문가들 사이에서도 서식지의 '수분 부족'을 원인으로 꼽는 사람이 있고, 반대로 '수분 과다'가 원인이라는 연구 결과도 존재하는 등 아직 명확한 이유를 알지 못한다. 그 사이 한라산 구상나무 수는 2021년에는 2017년 대비 4.2퍼센트 감소했고, 분포면적 역시 5퍼센트 감소했다.[4]

자연계는 매우 복잡한 시스템이어서 우리는 구상나무의 죽음이 생태계 전체에 어떤 영향을 미칠지 완벽하게 예측할 수 없다. 여전히 29만 그루나 남아 있는데 그 정도 감소한 게 그리 심각한 일이냐고 반문할 수도 있겠다.

《마사, 마지막 여행비둘기》라는 그림책이 있다. 이 책의 주인공인 여행비둘기는 한때 지구에서 가장 흔한 새였다. 200년 전만 해도 개체수가 무려 50억 마리에 달해서 이 새들이 이동을 시작하면 몇 날 며칠 동안 하늘이 새까맣게 뒤덮일 정도였다고 한다. 여행비둘기는 하늘을 향해 총을 쏠 때마다 몇 마리씩 떨어질 정도로 사냥하기 쉬운 새였다. 인간은 이들을 재미 삼아 사냥했고, 이들의 서식지인 숲을 파괴했다. 그 결과 여행비둘기는 미국 신시내티동물원에서 사육되던 '마사'를 마지막으로 멸종했으며, 인간이 멸종 과정을 지켜본 최초의 동물 중 하나로 기록됐다. 1914년의 일이다. 50억 마리의 여행비둘기가 절멸하는 데는 채 100년도 걸리지 않았다.

아름다운 것들이 점점 사라져간다. 호주의 세계 최대 산호초 지대도, 극지방과 고산지대의 빙하와 만년설도, 제주 바다의 보물 남방큰돌고래도 우리 아이들이 어른이 될 때쯤에는 더 이상 볼 수 없을지도 모른다.

실전편

인류가 당면한 기후위기와 생물다양성 문제는 전 세대가 힘을 모아 해결해야 하는 일종의 '팀 프로젝트'다. 그리고 우리의 새내기 팀원들은 이 '회사'에 더욱 오랫동안 머물며 회사의 미래를 이끌어갈 주역들이다. 이미 사라진 아름다운 생명들을 기억하고, 사라져가는 것들이 조금이라도 더 오래 우리 곁에 머물 수 있도록 함께 보살피는 일. 이것은 미래세대에게 꼭 필요한 오리엔테이션이다. 소중한 것을 지키는 가장 좋은 방법은 마음을 다해 사랑하는 것이고, 사랑이 싹트기 위해서는 잘 알아야 하는 법이니까.

● 여행 전 함께 보면 좋은 책 & 여행지 관련 정보

도서명	저자	출판사
제주섬의 어머니산 한라산	김은하	웅진주니어
뾰족이 삼총사의 눈물	살구나무씨	지식나이테
마사, 마지막 여행비둘기	아탁	산하

KBS 다큐 인사이트
(붉은 지구 3부 구상나무의 경고)

오백장군과 까마귀
(영실코스 시작점)

콘텐츠의 힘 : 책과 함께하는 아이 주도 여행

쓰레기를 주워본 아이는
쓰레기를 버릴 수 없다

"모든 동물을 다 구하고 싶은데 쓰레기가 떠밀려 와서
… 그래도 쓰레기를 주워서 아주 뿌듯했어요."

아이는 비가 부슬부슬 내리는 바닷가에서 봉지 가득 쓰레기를 줍
고 나서 햇볕에 검게 그을린 얼굴로 이렇게 말했다. 2023년 1월, 우
리는 필리핀 보홀섬에 있는 돌호비치에서 쓰레기를 주웠다. 처음부
터 플로깅을 계획한 것은 아니다. 보름간 여행을 하다 보니 도저히
쓰레기를 줍지 않고는 견딜 수가 없어져 시작한 일이었다.

시작은 가벼운 가족여행이었다. 그해 겨울 휴가지를 필리핀 보홀로
정한 이유는 발라카삭 섬Balicasag Island에 가보고 싶어서였다. 발리
카삭은 필리핀 보홀 팡라오 섬에서 서남쪽으로 10킬로미터 거리에
있는 작은 섬이다. 아름다운 산호초 군락과 다양한 수중생물을 관
찰할 수 있는 세계 3대 다이빙 포인트이자, 섬 전체가 해양보호구역
으로 지정될 만큼 천혜의 자연환경을 가진 곳이기도 하다.

20대 시절 나는 가족과 함께 이곳에서 당시 필리핀 관광청이 운영

콘텐츠의 힘 : 책과 함께하는 아이 주도 여행

하던, 섬에 하나밖에 없는 리조트에 묵으며 내내 스노클링을 즐겼다. 섬에서 불과 몇십 미터만 헤엄쳐 나가도 깎아지른 듯 아찔한 해안 절벽 아래로 형형색색의 산호와 열대어, 그 사이를 유유히 헤엄치는 바다거북을 볼 수 있던 곳. 그래서 아이들과 함께 필리핀 여행을 계획하며 가장 기대하던 일정도 발리카삭 호핑 투어였다.

그런데 막상 도착한 그곳에서 우리가 마주친 건 오색 산호초 군락이 아니라 유골 같은 뼈 산호 더미와 얼마 남지 않은 탈색된 산호, 그 좁은 틈에 힘겹게 몸을 숨기고 살아가는 열대어들이었다. 발리카삭 인근 바다에 동네 개처럼 많다고 해서 '개북이'라는 별명을 가진 바다거북은 피부 곳곳이 벗겨진 채 누런 흙먼지를 뒤집어쓴 상태였다. 깊은 바닷속에는 플라스틱병과 음료수 캔 등이 오색 쓰레기 군락을 이루고 있었다. 도대체 지난 15년간 이곳에서는 어떤 일이 벌어진 걸까?

지금 여기서
시작하기

산호초는 지구 표면적의 0.1퍼센트밖에 되지 않지만, 바다 생물의 25퍼센트가 산호초와 관계를 맺고 살아간다. 산호초가 멸종된 바다는 어떤 모습일지 상상하기 어렵다. 산호가 잘게 부

실전편

서져 형성된 새하얀 백사장을 걷다 보면 얕은 물가로 실고기를 포함해 다채로운 색을 가진 열대어가 떼 지어 헤엄쳐 간다. 한편 자세히 들여다보면 여기저기 널려 있는 쓰레기. 육상의 숲보다 최대 5배나 많은 탄소를 저장할 수 있다는 맹그로브 군락에도, 아름다운 산호 화석의 흔적을 볼 수 있는 해안가 바위 절벽에도 과자 봉지부터 페트병, 콜라 캔, 반쯤 삭은 신발, 폐타이어까지 온갖 쓰레기가 넘쳐났다.

우리는 숙소 주변 해안가에서 계획에 없던 플로깅을 시작했다. 여행을 함께한 조카들까지 네 명의 아이들을 돌고래 팀과 바다거북팀으로 나눠 대용량 지퍼백을 하나씩 쥐여주고 쓰레기를 줍게 했더니 30분도 채 안 되어 대형 지퍼백이 터질 듯 가득 찼다. 첫 플로깅의 경험은 뿌듯한 감상을 남겼으나 바다 사막화와 해양생태계 붕괴는 우리가 쓰레기 좀 줍는다고 해결될 문제가 아닌 듯싶었다.

그 뒤로 우리는 쓰레기와 환경문제에 본격적으로 관심을 갖게 되었다. 우리는 멸종위기 야생동물과 미세플라스틱, 기후변화 내용이 담긴 그림책과 영상을 함께 보며 많은 이야기를 나눴다. 탐조를 다니고 바다 생물을 탐색하고 주말마다 등산을 하다 보면 환경문제에 관심을 둘 수밖에 없다. 생태학자 최재천 교수의 말처럼 알면 사랑하게 되는 법이고, 사랑하면 지키고 싶어지기 때문이다.

환경교육의 첫걸음은 자연을 가까이하며 생태 감수성을 기르는 일이다. 우리 차 트렁크에는 항상 집게와 쓰레기봉투가 있어 여행 중 쓰레기가 많은 곳을 발견하면 최대한 주워 온다. 그러나 아이들이라고 늘 즐겁게 쓰레기를 줍는 것은 아니다. 특히 담배꽁초처럼 집 게로 잘 집히지 않고 수백 개를 주워도 봉투를 채우기 힘든 것은 아이들을 지치게 한다. 그럴 때면 나는 우리의 행동이 물고기와 새를 몇 마리나 구했을지를 말해준다. 쓰레기를 주운 만큼 편의점 과자로 보상하는 날도 있고, 아이들이 좋아하는 포켓몬스터 아이템을 숨겨놓고 보물찾기도 한다. 무슨 일이든 꾸준히 지속하려면 동기부여가 필요하고 무엇보다 재미있어야 한다.

우리 가족은 올 초 제주로 이주하며 〈제주생물관찰도감〉을 만들기 시작했다. 올레길을 걸으며 발견한 동식물과 바다에서 채집한 해양생물을 관찰하고 기록하는 프로젝트다. 특히 중점을 두는 활동은 해안가 쓰레기를 줍고, 어떤 쓰레기가 많았는지 적는 일이다.

제주 올레길은 대부분 해안가를 끼고 있는데, 여행객의 발길이 상대적으로 뜸한 한적한 해안과 포구 주변에는 엄청난 양의 쓰레기가 버려져 있다. 폐어구나 플라스틱 부표 등 개인이 수거하기 힘든 부피의 해양폐기물을 제외하면 담배꽁초와 밧줄 그리고 플라스틱 병이 가장 흔하게 발견된다.

사단법인 제주올레에서 환경 캠페인 '그린올레'를 통해 올레꾼들의 자발적인 환경정화 활동을 독려하기도 하고, 내가 다니는 회사도 제주올레와 손잡고 연간 플로깅 캠페인을 진행하고 있지만 역부족이다. 해안가 쓰레기는 치우고 또 치워도 시간이 지나면 다시 떠밀려 오기 때문이다. 그런 의미에서 쓰레기를 줍는 캠페인은 진정한 의미의 지속 가능한 캠페인이 아닐까?

콘텐츠의 힘 : 책과 함께하는 아이 주도 여행

실천적인 환경교육이
필요하다

그 많은 바다 쓰레기는 어디서 왔을까? 해양수산부에 따르면 우리나라의 해양폐기물 발생량은 연간 14.5만 톤 수준으로, 이 가운데 34.7퍼센트는 어선어업 등 해양 활동으로 발생한 것이고 나머지는 육상 쓰레기가 강을 통해 바다로 유입된 것으로 추정된다. 홍수기에 많이 발생하는 초목류를 제외하면 연간 8.4만 톤의 쓰레기가 나오는데 이 중 40퍼센트는 육지에서, 60퍼센트는 해양에서 기인한다. 전체 쓰레기의 80퍼센트는 플라스틱이다. 결국 바다 쓰레기를 줄이려면 어업 활동에서 발생하는 폐어구와 부표 투기를 엄격하게 단속하는 한편 육상에서 발생하는 쓰레기 역시 줄여나가야 한다. 특히 플라스틱 사용량은 근본적으로 줄여야 한다.

환경부가 발표한 〈2022 환경백서〉에 따르면, 2021년 기준으로 우리나라에서 1인당 매일 1.18킬로그램의 생활계 폐기물을 배출하고 있다. 4인 가족 기준 연간 1.72톤에 달하는 어마어마한 양이다.

한국은 전 세계에서 쓰레기 분리배출을 열심히 하는 나라로 손꼽힌다. 우리 가족도 매주 깨끗하게 씻어 말린 페트병과 우유 팩, 비닐 테이프를 제거한 택배 상자 등을 한 아름 모아 아파트 쓰레기 분리수거장에 들고 간다. 꽉꽉 눌러 담은 20리터짜리 종량제봉투를 수거기에 밀어 넣고, 계절이 바뀌어 정리한 헌 옷과 신발은 의류 수거함에 넣는다. 그렇게 두 손 가볍게 돌아서면서 우리가 버린 폐기물들이 마법처럼 잘 재활용되거나 환경에 무해한 형태로 사라지기를 기대한다.

슬프게도 현실은 그렇지 않다. 우리가 배출한 쓰레기들은 일부 재활용품을 제외하고는 소각장이나 매립장, 제3세계의 쓰레기 산에서 최후를 맞이할 것이다. 어쩌면 그중 일부는 바다로 흘러들어 우리의 플로깅 활동을 통해 다시 수거될지도 모를 일이다.

우리가 버린 쓰레기는 도대체 어디로 가는 걸까? 얼마 전 나는 아이들과 함께 우리 집 쓰레기의 여정을 따라 집에서 가장 가까운 쓰레기매립장을 방문했다. 매일 크고 작은 쓰레기를 만들며 살고 있지만, 막상 배출한 쓰레기가 어디로 가는지는 잘 알지 못한다. 쓰레기 수거는 보통 늦은 밤이나 새벽 시간에 '비밀스럽게' 이루어지고, 폐기물 처리시설은 도시 외곽에 숨겨져 있는 경우가 많기 때문이다.

우리가 방문한 쓰레기매립장은 놀랍게도 제주의 아름다운 오름과

　　　　　　　　콘텐츠의 힘 : 책과 함께하는 아이 주도 여행

목초지 사이에 있었다. 집에서 불과 6킬로미터 떨어진 곳이다. 쓰레기매립장으로 들어가는 도로 양쪽으로 삼나무 숲길이 보이고 맞은편 목장에서는 소들이 한가로이 풀을 뜯고 있었다. 입구에 들어서자 무성한 숲 사이로 멀리 노란색 포크레인 한 대가 수북이 쌓인 쓰레기를 처리하는 모습이 보였다. 그리고 수많은 환경 다큐에서 본 것처럼 한 무리의 까마귀 떼가 요란한 소리를 내며 쓰레기장 주변을 뱅뱅 돌고 있었다.

아파트 쓰레기 분리수거장에서 내 손을 떠난 순간, 쓰레기는 폐기물 처리 시스템에 따라 관리된다. 그래서일까. 쓰레기는 우리와 가장 가까우면서도 먼 존재다. 쓰레기매립장을 뒤로 하고 다시 싱그러운 신록이 우거진 숲길을 따라 집으로 돌아오는 길에 큰아이는 우리 동네가 이중생활을 하고 있는 것 같다고 말했다.

개학을 하루 앞두고 우리는 학교 근처 쓰레기를 주웠다. 과자봉지와 반쯤 먹다 버린 사탕, 아이스크림 막대, 음료 캔, 작은 비타민 포장재. 아이들이 버린 것이 분명한 쓰레기가 등굣길 곳곳에 널려 있었다.

아이들은 학교에서 많은 것을 학습한다. '학습'은 배우고 익힌다는 뜻이다. 배우는 것이 지식에 대한 설명을 보거나 들으면서 이해하는 일이라면, 익히는 것은 직접 행동을 통해 지식을 내면화하는 과정이다. 학습 전문가들은 효과적인 배움을 위해서는 학學보다는 습習의 과정이 필요하다고 강조한다. 이 원칙은 환경교육에도 똑같이 적용된다. 쓰레기를 버리면 왜 안 되는지 백 번 가르치는 것보다

실전편

직접 집게를 들고 밖에 나가 쓰레기를 주워보고, 평소 가정에서 쓰레기 분리배출을 함께하며 우리가 얼마나 많은 쓰레기를 만들고 사는지 두 눈으로 확인시켜 주는 것이 훨씬 좋은 교육이다.

가끔 빨랫감을 정리하다 아이들 바지 주머니에서 꼬깃꼬깃한 젤리 봉지나 사탕 껍질을 발견한다. 그래도 요 녀석들이 길바닥엔 버리지 않고 고이 들고 왔으니 칭찬이라도 해줘야 하나?

● **여행 전 함께 보면 좋은 책**

도서명	저자	출판사
나도 쓰레기를 줄일 수 있어요	박윤재	까불이
재활용, 쓰레기를 다시 쓰는 법	이영주	사계절
플라스틱 섬	이명애	상출판사
미세미세한 맛 플라수프	김지형	두마리토끼책
우주 쓰레기	고나영	와이즈만북스
지구를 지키는 가장 완벽한 방법	션 테일러	단비어린이
인류세 쫌 아는 10대	허정림	풀빛

콘텐츠의 힘 : 책과 함께하는 아이 주도 여행

잘 키우고
싶어서

아이와여행하는
중입니다

Part 3   심화편

지속 가능한

여행의 길을 찾아서

나는 환경 전문가가 아니다. 처음부터 아이들을 위한 '살아 있는 환경교육'을 해보자는 거창한 사명감을 가지고 여행을 시작한 것도 아니다. 그저 아이들 관심사를 따라 전국의 산과 바다를 누비고 쓰레기를 주우면서 기후위기와 환경문제에 눈을 떴을 뿐이다.

사실 이 문제들은 내 직업과도 직결된다. 미래의 어느 날, 남극과 북극의 빙하가 녹아 해수면이 상승하면서 인천공항이 물에 잠긴다면? 지하수를 포함한 수자원이 고갈되어 마실 물이 부족해진다면? 기후변화로 인한 식량 위기로 국내외 식재료 수급이 어려워진다면? 태풍과 홍수, 가뭄, 산불 같은 자연재해가 더욱 잦아진다면? 과연 그런 시대가 와도 사람들은 여행을 지속할 수 있을까?

심리학자 에이브러햄 매슬로의 '욕구위계이론'에 따르면 인간의 욕구는 생리적 욕구, 안전 욕구, 소속 및 애정 욕구, 존중 욕구, 자아실현 욕구 등 5단계로 정리된다. 이른바 욕구단계설이다. 피라미드 형태로 배열된 욕구들은 중요도에 따른 위계관계가 있어서 하위 욕구가 충족되어야 상위 욕구로 넘어간다.

우리는 생리적 욕구를 해결하기 위한 채집 활동이나 이동, 전쟁을 피해 안전한 지역으로 피난하는 행위를 여행이라고 하진 않는다. 사람마다 구체적 상황에 따라 여행 동기는 다를 수 있겠지만 우리가 일반적으로 생각하는 여행은 소속 및 애정 욕구와 자아실현의 욕구 사이 그 어딘가에 있다. 그렇다면 기후위기로 생리적 욕구와 안전 욕구가 위협받는 시대에도 여행 산업은 건재할까?

지금부터 풀어놓을 이야기는 '기후위기와 환경문제'를 테마로 아이들과 함께했던 25일간의 서유럽 여행기다. 이 여행은 필리핀 바다에서 플로깅 활동을 마치고 돌아온 2023년 어느 봄날 시작된다. 그날 나는 첫째 아이와 《무지개 도시를 만드는 초록 슈퍼맨》(초등학교 4학년 1학기 국어 교과서 수록 도서) 이라는 책을 함께 읽고 있었다. 독일의 윤데와 프라이부르크, 영국의 토트네스, 브라질의 쿠리치바, 쿠바의 아바나에서 시민들이 힘을 모아 환경을 보호한 사례를 소개한 책이다. 우리는 그중에서도 프라이부르크의 생태마을 보봉이 무척 궁금해졌다. '세계의 환경 수도'로 알려진 이곳에서 어쩌면 기후위기의 해결책을 찾을 수 있지 않을까?

우리 가족은 기후위기의 심각성을 보여주는 책과 영상 자료, 그리고 직접 경험을 통해 나라 안팎에서 일어나는 우려스러운 변화와 문제에 관심을 기울여왔다. 당면한 과제를 해결하려면 우린 무엇을 해야 할까? '환경 수도'의 사회시스템은 어떤 차별점이 있을까? 그곳 사람들의 생활 방식에서 어떤 부분을 배우고 실생활에 적용할 수 있을까? 그곳에 우리의 미래가 있을까?

본격적인 여행에 앞서, 우리는 유럽 여행에서 꼭 이루고 싶은 각자의 버킷 리스트를 작성했다(상세한 내용은 번외편에 담았다). 서로 다른 취향만큼이나 개성 있는 목록이 완성되었는데, 환경문제는 이 여행에서 우리 가족이 유일하게 의견 일치를 본 관심 분야다.

2023년 여름방학을 일주일 앞두고 나는 학교에 체험학습을 신청한 뒤 아이들 손을 잡고 비행기에 올랐다. 세계에서 가장 아름답고 낭만적인 도시(프랑스 파리)에서 인류 문명의 정수를 느끼고, 문명 발전의 대가로 촉발된 기후위기로 인해 사라져가는 낙원(스위스 융프라우)을 감상한 뒤 세계의 환경 수도(독일 프라이부르크)에서 기후위기 극복의 열쇠를 찾아가는 여정이다.

기록적인 폭염과 폭우로 전 국민이 기후위기의 심각성을 온몸으로 체감했을 그해 여름, 우리는 뜻밖에도 서늘한 날씨로 고생했다. 최고기온이 25도를 넘지 않고 일교차가 10도 넘게 나는 탓에 융프라우 등반용 바지 몇 벌과 바람막이만으로 아침저녁 추위를 견뎌야 했던 것이다. 딸은 버킷 리스트에 있던 '스위스 숙소 앞 호수에서 수영하기'를 달성하지 못했고, 다른 짐을 포기하면서 마지막까지 사수한 물놀이용품 가방은 한 번도 열어보지 못한 채 고스란히 가져왔다.

그런가 하면 그해 7월 남부 유럽에서는 최고기온이 48도를 넘나드는 극심한 폭염으로 아크로폴리스를 비롯한 주요 명소가 폐쇄되고 대형 산불이 연달아 발생했다. 8월 말에는 파리에도 40도를 웃도는 늦더위가 찾아와 시민들이 에펠탑 앞 분수대에 뛰어들어 더위를 식혔다고 한다.

심화편에서는 플라스틱, 쓰레기, 에너지, 전쟁과 환경오염, 기후정의 등 다양한 주제를 넘나들며 기후위기 해결의 실마리에 한 걸음씩 다가가 보려고 한다.

지속 가능한 여행의 길을 찾아서

프랑스에서 발견한
오래된 미래

우리의 첫 번째 목적지는 파리다. 세계적으로 손꼽히는 박물관과 미술관이 즐비하고 이름만 들어도 가슴이 뛰는 문화유적이 셀 수 없이 많은 그곳. 게다가 대부분의 명소에서 미성년자는 무료 관람 대상이라 내 티켓만 사면 된다니, 정말 환상적이지 않은가. 나는 뮤지엄패스 4일권(약 11만원)을 구매해 아이들과 함께 아홉 곳의 뮤지엄을 알차게 둘러보았다. 문화생활비가 비싼 한국에서는 4인 가족이 전시를 두 번 보기도 힘든 금액이다.

하지만 평소 아이들이 예술 작품 감상에 취미가 없다면 비추한다. 내 경우 박물관과 미술관은 나중에 아이들이 미술이나 사회 시간에 접할 수많은 작품을 실물로 볼 수 있는 곳이라 한국에서부터 관련 책을 같이 읽으며 공을 들였는데 결론을 말하자면, 실패했다. 엄마의 비장한 마음과는 다르게 아이들은 예술 작품 감상에 그다지 관심이 없었고, 미술관만 들어가면 도대체 언제 나가냐고 볼멘소리를 했다.

심화편

지속 가능한 여행의 길을 찾아서

오히려 도심 곳곳을 걸으며 파리 시민들의 일상으로 들어가니 아이들은 온몸으로 도시를 누렸고, 그들의 친환경적인 생활 방식을 관심 있게 바라보았다. 사실 파리 여행을 계획할 때 이곳에서 환경 보호에 대한 통찰을 엿보게 되리라곤 기대하지 않았다. 오히려 그 반대에 가까웠다. 당초 나는 빛나는 도시 문명이 환경파괴에 어떻게 '기여'했는지 살펴보고 싶었다.

파리는 오랫동안 유럽의 정치·문화·예술·경제의 중심지이자, 근대 민주주의의 시초로 꼽히는 프랑스 대혁명의 주무대가 된 도시다. 17세기 루이 14세는 파리의 범죄를 줄이기 위해 주요 거리에 가로등을 설치하여 한밤중에도 도시를 밝혔고, 이때부터 파리는 '빛의 도시'라는 별명을 얻게 되었다.

오늘날에도 파리는 세계에서 손꼽히는 번화한 도시지만 많은 대도시가 그렇듯 환경문제에서 자유롭지 않다. 파리 시내를 관통하는 센강에는 수상한 초록빛이 감돌고, 비가 오면 오폐수가 흘러들면서 기준치 이상의 대장균이 검출된다. 프랑스 정부가 2024 파리 올림픽을 앞두고 14억 유로(한화 약 2조 원)를 들여 대대적인 정화 사업을 벌이고 파리 시장이 센강에서 수영하는 퍼포먼스를 벌였음에도 불구하고 파리 시민들조차 차가운 시선을 보낸 이유다. 올림픽 기간 동안 센강에서 수영한 선수 중 무려 10퍼센트가 위장염에 걸렸다는 조사 결과가 나왔고, 일부 대표팀은 건강 우려로 아예 기권하기도 했으니 프랑스 정부는 센강 수영을 강행하며 얻은 것보다 잃은 것이 더 많아 보인다.

심화편

여행을 앞두고 파리의 친환경 여행 정보를 검색하다가 우연히 프랑스 관광청 웹사이트에서 '파리를 새롭게 만나는 친환경 여행법 7가지'라는 글을 접했다. 관광청은 에펠탑 근처에 있는 세계에서 가장 큰 도시 옥상 농장Nature Urbaine, 전동스쿠터나 전기자전거처럼 상대적으로 친환경적인 교통수단, 도시 곳곳에 자리한 채식 레스토랑, 과거 기차역을 개조한 재활용품점을 대표적인 친환경 여행 콘텐츠로 소개했다.

언뜻 이 목록은 친환경적인 모습을 추구하는 것처럼 보이지만, 제로 웨이스트 매장이나 공유 전기자전거 서비스를 이용할 수 있다고 해서 친환경 도시가 되는 건 아니다. 그렇게 치면 서울은 이미 국제적인 수준의 친환경 도시 아닌가. 정작 내가 파리에 머물며 이곳 사람들이 지구를 지키는 방식을 관찰해 보니 프랑스 관광청 웹사이트에는 없는 특별한 점이 있었다. 어쩌면 그들에게는 너무 당연해서 의식조차 못 하는 것인지도 모르겠다.

파리 사람들의 친환경적인 생활 방식은 지속 가능한 건축(오스만식 건물)과 수돗물 음용(월리스의 분수), 쓰레기 절감(마르쉐 이용과 못난이 농산물 소비), 물건 재사용(벼룩시장)등 일상에서 자연스럽게 드러났다.

지속 가능한 여행의 길을 찾아서

오스만식
건물

파리에 머무는 동안 우리는 마레 지역 중심부에 위치한 오스만식 건물에 머물렀다. 도보로 3분 거리에 보주 광장Place des Vosges이 있고, 숙소에서 나와 모퉁이를 돌면 일대에서 손꼽히는 크루아상 맛집이 있어서 아침 일찍 빵을 사 들고 광장에서 피크닉을 즐기기 좋은 위치였다.

파리 시민들은 역사적으로 혁명과 봉기의 전통을 이어받았기 때문일까? 요즘도 파리에서는 크고 작은 시위가 잦고 대중교통 연착과 파업이 일상적으로 일어난다. 우리가 방문한 2023년 7월은 인종차별 규탄 시위(파리 외곽에서 교통 검문을 피해 달아나려던 알제리계 10대 소년이 경찰이 쏜 총에 맞아 숨진 사건으로 촉발된 사태)로 파리 곳곳이 말 그대로 활활 타오르던 시기였다.

그해 3~5월에도 연금 개혁 반대 시위로 거리가 쓰레기로 뒤덮이고 최루탄 진압까지 강행되었다는 뉴스를 보며 내심 걱정했는데, 다행히 여행 중 우려할 만한 상황은 없었다(우리나라와 비슷하게 프랑스에서도 파업 전 사전 신고가 필수라서 대사관의 안전 여행 정보를 확인하고 주요 시위 지역을 피해 다니면 위험에 처할 일은 거의 없다). 그래도 언제 어디서 돌발 상황이 발생할지 모르니, 아이들과 함께 파리를 방문할 계획이 있다면 조금 비싸더라도 시내 중심가에 숙소를 정하는 편이 좋다.

우리가 파리에 도착한 날은 여행 이틀째였다. 전날 오후 늦게 경유

심화편

지인 프랑크푸르트에 도착해 하룻밤을 보내고 파리에 도착했을 때
는 이미 저녁 무렵이었다. 시차 적응도 되지 않은 피곤한 몸을 이
끌고 도착한 파리 숙소는 따뜻하고 아늑했다. 유럽의 여름은 낮이
매우 길어서 오후 6시가 넘었는데도 창밖으로 햇살이 쏟아지고 있

지속 가능한 여행의 길을 찾아서

었다. 건물 안뜰에서 우리를 맞이한 주인아주머니는 숙소 구석구석을 친절하게 설명해 주었다.

19세기에 지어진 건물의 내벽은 튼튼해 보였고, 세월의 흔적을 품은 나무 기둥이 창가를 떠받치고 있었다. 10평이나 될까 싶은 작은 공간이지만 거실 겸 침실에 욕실과 주방까지 알차게 갖춘 숙소다. 식탁에는 납작복숭아 등 여러 과일이 놓여 있었는데, 우리는 며칠간 파리지앵처럼 과일을 껍질째 먹으며 파리의 여름을 천천히 음미했다.

파리 숙소를 고를 때 고민을 참 많이 했다. 여름의 파리는 몹시 더워서 반드시 에어컨이 있는 호텔에 묵어야 한다는 조언도 받았다. 그러나 에어비앤비에서 숙소를 둘러보다가 오스만식 건물을 발견한 순간 꼭 한번 경험해 보고 싶다는 생각이 들었다. 건축 자재와 양식은 전혀 다르지만, 견고하게 지어져 오랫동안 주거지로 사용된다는 점에서 나에게 오스만식 건물은 한옥과 비슷한 느낌으로 다가왔다. 그래서 선풍기라도 있는 곳을 어렵게 찾아 예약했는데, 정작 파리에 머무는 내내 날씨가 서늘해서 선풍기 버튼 한 번 눌러보지 못하고 돌아왔다. 돌이켜 보면 엄청난 행운이었다.

오스만식 건물은 흔히 우리가 파리를 생각하면 떠올리게 되는 건축물이다. 상아색 석제 외관에 길고 높은 창문, 청색 지붕을 가진 6~7층 정도 높이의 규격화된 형태의 건물 말이다. 건축물 이름의 유래가 된 오스만 남작은 1853년부터 1870년까지 무려 17년간 파리 지사를 지내며 파리를 근대도시로 탈바꿈시켰다. 좁은 길에 마

심화편

차와 사람이 뒤섞여 항상 심한 체증을 겪던 도심 곳곳에 넓은 길을 내고 녹지를 조성했으며, 주거지를 정비하고 통일된 규격의 건물을 지었다.[5]

유엔 관광청이 발표하는 세계 관광 국가 순위에서 프랑스가 부동의 1위이고, 여러 리서치 회사가 발표하는 세계 관광지 순위에서도 파리가 늘 최상위권인 이유는 도시가 가진 독특한 문화적 매력 덕분이다. 그 문화적 매력의 원천 중 하나를 꼽자면 큰 틀에서 변함없이 유지되는 도시 외관이고, 오스만식 건물은 그 외관을 이루는 유서 깊은 건축물 중 하나다.

오스만식 건물은 튼튼하고 아름답기도 하지만 환경적인 면에서도 이롭다. 건설 산업은 전 생애주기(건설·운영·해체 단계)에 걸쳐 연간 약 13.7기가 톤의 온실가스를 배출한다. 이는 전 세계 온실가스 배출량의 25.3퍼센트에 달하는 어마어마한 양인데, 탄소중립의 주요 감축 대상인 이산화탄소만을 기준으로 환산하면 무려 36.9퍼센트를 차지한다. 생애주기의 단계별 탄소 배출 비중을 보면 건설단계에서 30.6퍼센트, 운영·해체 단계에서 69.4퍼센트의 탄소가 배출된다. 따라서 기존 건물을 허물고 새로운 건물을 세우는 것보다는 좋은 건축물을 짓고 오래 사용하는 것이 당연히 환경에 더 유익한 선택이다.[6]

물론 19세기에 설계된 유서 깊은 건축물에 살기란 불편함을 감수해야 하는 일이다. 대부분의 오스만식 건물에는 승강기가 없고, 에어컨 실외기 설치 규정이 까다로운 탓에 에어컨을 보유한 집이 거

지속 가능한 여행의 길을 찾아서

의 없다. 우리가 머문 숙소는 0층(한국 기준으로 1층)에 있어 계단을 오르내리는 번거로움이 없었고, 여름 같지 않았던 이상기후로 실내 온도는 완벽하게 쾌적했다. 그러나 만약 40도를 넘나드는 폭염에 짐을 잔뜩 들고 고층까지 걸어 올라가 덜덜거리는 선풍기 하나에 의지해서 열대야를 보냈다면, 그래도 파리의 숙소를 낭만적으로 추억할 수 있을까? 올 여름 상상도 못 한 숫자가 찍힌 전기 요금 고지서를 생각하면 가슴에 손을 얹고 말하건대, 나는 에어컨 없이 여름을 버텨낼 자신이 없다.

우리는 환경을 위해 어느 정도까지 불편함을 감수할 수 있을까? 이 질문에 대한 개개인의 대답에 따라 지구의 미래는 많이 달라질지도 모른다.

윌리스의
분수

"누나, 저기 윌리스의 분수야!"

목마르다고 칭얼대던 둘째가 가방에서 물병을 꺼내 들고 쪼르르 뛰어간다. 이상기후로 선선한 여름날이긴 해도 움직이면 더운 날씨다. 더구나 하루에 2만 5000보씩 걷다 보니 숙소에서 채워 온 물병은 점심이 채 지나기도 전에 바닥을 드러냈다. 유럽의 식당은 대개

심화편

우리나라처럼 무료 식수를 제공하지 않아서 물이 떨어지면 별수 없이 플라스틱병에 든 생수를 구매해야 하지만, 파리 시내에서만큼은 예외다. 150여 년 전 분수대를 고안한 리처드 월리스 경의 따뜻한 마음씨 덕분이다.

파리를 여행하다 보면 도시 곳곳에서 청록색 주철로 만들어진 고풍스러운 분수대를 발견할 수 있다. 성인 허리춤까지 오는 받침대 위에서 네 명의 여인이 끝이 화살촉처럼 뾰족한 돔 형태의 지붕을 손으로 떠받치고 있고, 받침대에 있는 은색 동그란 버튼을 누르면 돔 꼭대기에서 물줄기가 흐른다. 처음 파리를 방문한 여행객이라면

지속 가능한 여행의 길을 찾아서

이 아름다운 작품의 용도를 한눈에 알아차리기 어렵다. 배수로 위에 설치되어 있어 언뜻 보면 옥외 소화전 같기도 하다. 그러나 눈여겨보면 자전거를 타고 가던 파리지앵이 분수대 앞에 멈춰 서서 텀블러를 꺼내 물을 받아 가거나 지나가던 여행객이 목을 축이는 장면을 쉽게 목격할 수 있다.

분수의 모양은 아름답고 기능적이다. 이 분수를 디자인한 월리스 경은 조각가에게 자신이 스케치한 분수대를 보여주면서 다음과 같은 사양을 요구했다고 한다.

"멀리서도 한눈에 찾을 수 있을 만큼 눈에 띄지만, 주변 경관과 자연스럽게 어울리는 예술 작품이었으면 좋겠습니다. 오랫동안 사용해야 하니 견고하고 유지·관리도 편한 재료로 만들어야겠지요? 아, 그리고 보다 많은 사람들이 이용할 수 있도록 제작 단가를 최대한 낮춰서 많이 만들어주세요!"

조각가 입장에서 월리스 경은 상당히 까다로운 고객이었을 것이다. 그러나 그 결과 오늘날에도 파리 전역에는 1872년 설치된 50개의 분수대를 포함해 총 106개의 분수대가 도심의 오아시스 역할을 톡톡히 하고 있다.

그는 왜 파리에 분수대를 설치한 걸까? 19세기 중반 파리의 송수관은 모조리 파괴되어 시민들이 깨끗한 식수를 구하는 데 어려움을 겪었다. 정치적·사상적으로 혼란한 시기였던 데다 주변국과의 분쟁이 끊이지 않았기 때문이다. 당시 파리에서는 제대로 된 하수도 시설이 갖춰지지 않아 센강의 오염된 물을 식수로 이용했다. 그래서 사람들은 물보다는 맥주나 와인으로 수분을 섭취하는 것을 선호했고, 가난한 하층민과 노동자의 알코올 중독이 심각한 사회 문제로 대두되었다. 심지어 어린아이들도 포도주에 적신 빵을 먹고 여러 질병에 노출될 지경이었다. 이런 상황에서 월리스 경은 사람들이 깨끗한 물을 구하지 못해 알코올 중독에 빠지는 문제를 해결하기 위해 파리 곳곳에 무료로 이용할 수 있는 음수대 설치를 구상하게 되었다.

이토록 섬세하고 따뜻한 마음을 가진 월리스 경은 어떤 사람이었을까? 1818년 영국에서 태어난 월리스 경은 예술품 수집가였던 아버지와 함께 영국과 프랑스를 오가며 예술품에 대한 안목을 키웠다. 그리고 아버지 사후 물려받은 막대한 유산을 전쟁과 내부 분쟁으로 곤경에 빠진 파리 시민들을 위해 기꺼이 썼다.

그는 영국인이었지만 생의 대부분을 파리에서 보냈다. 프랑스가 프로이센과의 전쟁에서 패하고 파리가 고립되었던 시기, 파리 시민들은 음식을 구할 수 없어 집에 있는 개와 고양이 등 가축은 물론 동물원의 동물까지 잡아먹을 정도로 절망적인 상황에 처해 있었다. 이때도 월리스 경은 가난한 시민들을 위해 흔쾌히 사재를 털었다. 마땅히 '귀족의 의무(노블레스 오블리주noblesse oblige)'를 이행한 거라고 볼 수도 있지만, 분명 아무나 할 수 있는 선택은 아니다.

오늘날 파리에는 월리스의 분수를 포함해 약 1200개의 무료 음수대가 있다. 서로 다른 신체 조건과 취향을 가진 이용자를 고려하여 벽걸이형·분수형·저상형 등 다양한 형태의 음수대가 운영되며, 심지어 17개 음수대에서는 탄산수가 제공된다. 수돗물에 대한 접근성과 편의성을 높이기 위해 끊임없이 고민한 결과다. 또한 파리 상수도사업본부는 식수의 안전성을 보장하기 위해 취수장에서 배수지까지 모든 단계에서 물의 품질을 모니터링하고 있으며, 수질검사 결과는 웹사이트를 통해 투명하게 공개된다. 그 결과 2021년 기준 파리 시민의 수돗물 음용률은 80퍼센트에 달하고, 수돗물에 대한 신뢰도 역시 88퍼센트로 상당히 높은 편이다.[7]

우리나라 수돗물의 대표 주자로 볼 수 있는 서울 '아리수'는 어떤가. 파리 수돗물 못지않게 매우 깐깐하게 관리되고 있으나 음용률은 36.5퍼센트에 그친다.[8] 이 수치도 '수돗물을 그대로 먹거나 끓여서 마시는 경우'를 모두 포함하므로, 수도꼭지에서 흘러나온 물을 그대로 마시는 사람은 훨씬 적을지도 모르겠다. 우리나라 국민의 다수는 생수를 구매하거나(32.9퍼센트) 정수기를 사용한다(49.4퍼센트). 우리 가족도 '대세'에 따라 정수기로 한 번 걸러진 물을 마신다. 유럽 여행 중 일상적으로 수돗물을 마시며 한국의 수돗물도 그냥 마시면 어떨지 고민해 봤으나 아직 결론을 내리지 못했다.

수돗물을 마시지 않는 이유는 무엇일까? 결국은 안전하지 않다는 인식 때문이 아닐까. 생산단계에서 아무리 철저한 관리와 검사를 거친다고 해도, 수돗물은 유통단계에서 노후 수도관 등을 거치며 변질될 가능성이 있다. 환경부에 따르면 2022년 기준 전국 상수도의 누수율은 9.9퍼센트에 달한다. 이는 수도관이 어디선가 새고 있다는 의미로, 물 자원 낭비도 문제지만 틈새로 미생물이 침입해 물이 오염될 확률이 높다는 문제도 안고 있다(내가 거주하는 제주도의 누수율은 무려 42.4퍼센트로, 제주 수돗물은 삼다수일지 몰라도 20년이 넘은 우리 아파트 단지의 수도관은 믿을 수 없다).

잊을 만하면 불거지는 붉은 수돗물, 깔따구 유충, 중금속과 바이러스 검출 등의 수질오염 문제도 수돗물 음용을 망설이게 한다. 파리 수돗물 역시 완벽하지 않아서 전체 수질관리 비용의 30퍼센트가량을 공장 등에서 배출되는 미세 오염물질 제거에 쓰고 있다. 취수지 인근에서 유기농업으로 전환하는 농민을 지원하는 일도 수자원 오염 예방을 위한 노력의 일환이다.

이처럼 안전성을 100퍼센트 확신할 수 없음에도 불구하고, 수돗물은 최소한 생수보다는 나은 대안이다. 한국환경산업기술원에 따르면 성인 하루 권장 섭취량인 물 2리터를 기준으로 페트병 생수는 수돗물의 700배, 정수기는 수돗물의 1300배가량 많은 탄소를 발생시킨다. 특히 플라스틱 생수병은 분해되는 데 500년 이상 걸린다는 점에서 환경오염의 주범으로 꼽힐 뿐만 아니라, 1리터 생수병에서 평균 24만 개의 미세플라스틱이 검출된다는 충격적인 연구 결과도 있다.

사람은 음식 없이도 3주간 생존이 가능하지만 물 없이는 3일 정도밖에 못 버틴다고 한다. 깨끗한 물은 기본적인 생존에 꼭 필요한 공공재다. 그런 의미에서 월리스의 분수는 플라스틱 쓰레기 절감에 도움이 될 뿐만 아니라 많은 사람을 살리고 있는 셈이다.

파리를 열렬히 사랑했던 월리스 경은 파리에서 생을 마감하고 페르 라셰즈 묘지에 묻혔다. 나는 아이들과 윌리스의 분수에서 목을 축이고 묘지에 들러 윌리스 할아버지의 인생 이야기를 들려주었다. 노블레스 오블리주가 무엇이고 더불어 사는 삶이 무엇인지, 그리고 우리가 지금 당장 실천할 수 있는 나눔에 대해서도 이야기를 나누었다.

'윌리스의 분수' 공식 웹사이트
윌리스 분수협회에서 운영하는 웹사이트로, 윌리스 경의 생애 소개와 함께
분수의 역사, 제작 과정, 위치, 가이드 투어 등 정보를 제공한다.

페르 라셰즈 묘지

여행자의 눈으로 본
제로 웨이스트

유럽 여행을 앞두고 《프랑스인의 방에는 쓰레기통이 없다!》라는 흥미로운 제목을 가진 책을 접하게 되었다. 파리와 도쿄를 오가며 활동하는 일본인 사진작가의 책인데, 그는 프랑스의 가정집을 자주 방문한다. 그러면서 겪은 개인적 경험을 토대로 물건, 집안일, 패션, 인간관계 등 다방면에서 낭비가 없고 세련된 프랑스식 미니멀라이프를 묘사하는데, 환경문제에 대한 프랑스인들의

심화편

의식을 엿볼 수 있는 내용이 많다. 그는 프랑스식 미니멀라이프를 이렇게 설명한다.

"프랑스 사람들에게는 어쩌면 '필요 없는 것을 버린다'는 개념이 없을지도 모르겠습니다. '잘 생각한 뒤 필요한 것만 산다 = 버릴 것이 없다 = 쓰레기가 나오지 않는다 = 쓰레기통이 필요 없다'라는 공식이 성립하기 때문입니다."

프랑스인의 방에는 정말 쓰레기통이 없을까? 프랑스에서는 정말 물건 포장을 간소하게 할까? 프랑스 사람들은 장을 볼 때 대부분 장바구니를 들고 다닐까? 주의 깊게 관찰해 보니 우리 숙소에는 작은 쓰레기통이 방과 주방에 하나씩 단 두 개뿐이었고, 물건을 살 때 한국에 비해 대체로 포장이 간소한 경우가 많았으며, 장바구니뿐만 아니라 자신의 쇼핑카트를 챙겨 다니는 사람도 적지 않았다. 프랑스 사람들은 일상에서 쓰레기를 줄이는 습관을 지니고 있고, 이에 적합한 생활환경이 조성되어 있다는 것만은 분명해 보였다.

마르쉐marché는 '장터'라는 뜻의 프랑스어인데 요즘은 한국에서도 소비자와 생산자가 직거래하는 장터를 지칭하는 고유명사처럼 쓰인다. 우리가 머문 숙소 근처에는 파리에서도 가장 큰 규모로 손꼽히는 바스티유 마르쉐가 열렸다. 장이 서는 목요일과 일요일엔 엄청난 인파로 북적이는데 세계적인 관광도시답게 여행객들도 눈에 띄지만 대부분은 장바구니 카트를 끌고 식료품과 생필품을 사러 온 동네 주민들이다.

마르쉐에는 과일 가게를 비롯해 수백 종의 치즈를 잘라 파는 가게,

지속 가능한 여행의 길을 찾아서

다양한 종류의 고기를 다루는 정육점, 생선 가게, 기념품 상점이 밀집해 있었다. 일반 마트보다 농산물이 저렴하고 신선해서 아침이면 나도 아이들과 함께 이곳에 들러 아침을 먹고 간식과 저녁거리를 샀다. 한국에서는 고기나 생선을 사면 스티로폼 접시에 흡습 패드를 한 장 깔고 랩으로 포장해서 주는데, 마르쉐 정육점에서는 한쪽 면만 코팅된 종이로 고기를 둘둘 말아주었다(처음에는 핏물이 새지 않을까 싶었는데 전혀 문제가 없었다).

무엇보다 좋은 점은 대부분의 품목을 필요한 만큼만 살 수 있다는 것이다. 스테이크 구울 때 사용할 버터 한 조각, 후식으로 먹을 납작복숭아 세 개, 바게트에 곁들일 치즈 한 토막. 쓸데없이 많은 양을 사서 썩힐 일이 없으니 손도 마음도 가볍다.

한국의 전통시장에서도 '알맹이'만 살 수는 있지만 플라스틱 포장재가 없을 뿐 바구니에 정해진 분량을 미리 담아둔 경우가 많다. 전통시장에서 필요한 양만 달라고 요청하려면 상당히 용기가 필요하다. 한번은 동그랑땡 재료를 사러 갔는데, 아주 적은 양의 쪽파가 필요해서 바구니에 담긴 쪽파를 반만 살 수 있는지 물었다가 호되게 욕을 먹은 적이 있다.

그래도 나는 계속 용기 있게 '용기'를 들고 장을 보는데 가끔 상인들과 실랑이를 벌인다. 그럴 때면 아이들은 옆에서 슬슬 눈치를 보다가 싸운 거냐고 묻곤 한다. 그때마다 나는 "엄마는 지금 시위하는 거야. 원래 꾸준히 목소리 내는 사람이 있어야 세상이 바뀌거든." 하고 말해준다. 더 싸게 달라는 것도 아니고, 내 돈 주고 사면서 왜

심화편

눈치를 봐야 하는지 속은 상했지만.

마르쉐에서는 필요한 양만큼 집어서 점원에게 건네주면 무게를 잰 뒤 종이봉투에 담아준다. 포장을 아예 거절하고 장바구니에 담아 올 수도 있다. 신세계였다. 마르쉐에서 아이들이 가장 좋아했던 곳은 즉석에서 크레페와 갈레트를 만들어주는 가게였다. 먹을거리 역시 얇은 종이 포장지 한 장에 싸여 우리 손에 들어왔다. 국내 시장에서 음식을 사면 종이 상자나 스티로폼 접시에 담아 일회용 수저, 꼬치, 물티슈를 같이 주는 경우가 많다.

여행 중 경험한 프랑스의 포장 문화는 대체로 간소화되어 있었다. 프랑스 빵집에서 바게트를 사면 손으로 잡는 부분만 종이로 한 번 말아주거나, 바게트가 3분의 1도 채 담기지 않을 듯한 종이봉투에 넣어준다. 우리나라는 어떤가? 빵을 하나하나 비닐에 포장한 다음 비닐봉지에 담아준다. 바게트처럼 길쭉한 빵은 한 면이 비닐로 된 종이봉투에 넣거나 조각내서 비닐로 밀봉하곤 한다. 파리의 빵집 선반에서 벌이 웽웽대는 것을 보면 흠칫 놀라게 되지만, 좀 더 환경친화적인 접근임에 틀림없다. 이렇듯 여행 중 겪게 되는 비일상적인 경험들은 평소 너무 익숙해서 문제의식조차 없던 일들을 새로운 눈으로 보게 하는 계기가 되기도 한다. 여행이 우리에게 주는 선물 중 하나다.

장이 열리지 않는 날에는 숙소 인근에 위치한 '못생긴 식료품' 전문 브랜드 'NOUS épiceries anti-gaspi'를 찾았다. 이곳은 식품 낭비를 줄이기 위해 못난이 농산물과 유통기한 임박 상품을 판매하는 식

료품점으로 파리 시내에만 열 곳의 매장이 있다.

프랑스에서는 한 해 동안 식료품 1000만 톤이 버려지는데 그중 절반 이상이 생산·유통 과정에서 손실된다고 한다. 못난이 농산물은 맛과 품질에는 이상이 없지만 외관상 상품 가치가 떨어져 폐기되는 경우가 많고, 유통기한이 임박한 제품들은 소비자들에게 외면받기 마련이다. 이 브랜드 창업자는 바로 이 점에 착안하여 프랑스 전역에서 못생긴 식료품들을 수집해 판매하기 시작했다. 이곳에서는 모양이 뒤틀린 당근이나 너무 작은 달걀, 울퉁불퉁한 토마토를 일반 마트보다 최대 50퍼센트 저렴한 가격에 살 수 있다.

유엔식량농업기구FAO에 따르면 사람이 먹기 위해 생산하는 모든 음식의 약 3분의 1이 매년 낭비되고 있다. 식량 손실(유통기한이 지났거나 상품성이 떨어진다는 등의 이유로 소비자에게 전달되기 전에 농장에서 손실되는 식품과 농산물)과 음식물쓰레기가 대표적인 식품 낭비 사례다. 《식량위기 대한민국》을 쓴 남재작 박사는 한국의 식량안보 수준이 세계 최하위권이며 식량난을 극복할 가장 현실적이고 가성비 높은 방법은 식품 낭비를 줄이는 일이라고 강조한다.

돌아보면 우리 부모님 세대만 하더라도 생김새가 못났다고 버려지는 농산물은 거의 없었다. 지금도 부모님의 텃밭에 가보면 크기가 제각각인 오이와 구부러진 고추, 햇빛을 과하게 받아 꼭지 주변에 황갈색 주름이 깊게 팬 토마토가 즐비하다. 옥수수도 수확해 보면 끝까지 알이 들어찬 경우가 별로 없다. 군데군데 이가 빠지고 벌레 먹은 부분도 있다.

지속 가능한 여행의 길을 찾아서

과일이나 채소를 고를 때 가능하면 흠이 없고 예쁜 상품을 고르게 되는 것이 사람 심리라지만, 직접 일군 텃밭에서 수확한 채소라면 마음이 달라진다. 경험상 모양이 구부러지면 구부러진 대로 예쁘고 이가 빠지면 빠진 대로 사랑스럽다. 밭을 갈고 모종을 심어 꽃과 열매가 열리는 과정을 쭉 지켜본 자식 같은 수확물인데 겉모양이 무슨 상관일까. 아이들은 과일이 괴상한 모양일수록 더 좋아하고 신기하게 생긴 것을 서로 먹겠다고 다투기도 한다.

어쨌거나 지금 한국은 농산물 표준규격을 정하고 크기와 무게, 색상과 광택, 신선도, 병충해 유무와 형태 기형 등 결점 여부에 따라 특·상·보통으로 농산물 등급을 분류한다. 농산물의 상품성을 높이고 소비자의 구매 선택권을 제공한다는 좋은 취지로 시작된 제도지만, 실상은 농산물 폐기의 원인으로 지목된다. 2020년 서울신문과 농림축산식품부의 조사 결과에 따르면 전체 생산량 중 등급 외 농산물의 발생 비중은 평균 11.8퍼센트였다.

품목별로는 채소류의 등급 외 발생 비중이 10퍼센트대였던 데 반해, 배와 복숭아 같은 과일류는 평균 22.2퍼센트가 등급 외로 분류되었다. 소비자의 선택을 받기도 전에 버려지는 것은 농산물만이 아니다. 도축 과정에서 뼈가 부러진 닭이나 다리가 떨어진 오징어, 비늘이 조금 벗겨진 생선도 '파지'로 분류되어 헐값에 넘겨지거나 버려진다.[9] 2019년 유엔환경계획UNEP의 식량위기보고서에 따르면 전 세계 식량의 약 14퍼센트는 수확 후 판매되지 못하고 낭비되며, 음식물쓰레기가 뿜어내는 메탄은 이산화탄소의 28배나 되는 강력

심화편

한 온실효과를 일으키며 기후위기에 일조하고 있다.

못난이 농산물을 소비하는 '푸드 리퍼브(Food Refurb, 음식Food과 재공급품Refubishe을 합성한 신조어)'는 프랑스에서 시작되었다. 2014년 프랑스의 한 슈퍼마켓 체인은 "못생긴 당근? 수프에 들어가면 상관없잖아", "흉측한 오렌지? 맛있는 주스로 만들어!" 등 재미있는 문구를 내걸고 못난이 농산물을 30퍼센트나 저렴하게 판매했다. 그 결과 한 달 만에 무려 1300만 명의 고객이 마트를 방문하는 성과를 이뤄 다른 유통업계로 못난이 농산물 소비가 퍼지는 계기가 되었다.[10]

최근 한국 유통업계에서도 '제각각 채소'나 '맛난이농산물' 같은 이름으로 못난이 농산물을 판매하기 시작했고, '더착한농산물' '언밸런스마켓' '어글리어스'처럼 전문 판매 기업도 하나둘 등장하고 있다. 요즘은 식품업계뿐 아니라 화장품 업계에서도 못난이 농산물을 활용한 제품을 속속 내놓는다. 소비자의 가치소비 트렌드와 기업의 ESG 경영전략이 맞아떨어진 결과로 볼 수 있다.

파리의 마르쉐에서 만난 농산물들은 하나같이 강한 개성을 드러내며 저마다의 생생한 아름다움을 뽐내고 있었고, 시장 규모도 커서 필요한 품목을 한자리에서 구매하는 데 불편함이 없었다. 한국에서도 로컬푸드 직매장이나 전통시장, 생산자 마켓에 자주 가는데 늘 아쉬움이 있다. 주로 농협 같은 데서 운영하는 로컬푸드 직매장은 푸드마일리지 측면에서는 안심이지만 구매하기엔 썩 내키지 않는다. 일반 마트와 크게 다르지 않은 플라스틱과 비닐 포장재 때문이다. 전통시장에서는 더 다양한 품목의 제품을 포장재 없이 만날 수 있지만 대개 소량 구매가 어렵고 원산지와 가격 표시가 미비한 점이 마음에 걸린다. 그런가 하면 생산자 마켓은 우리가 흔히 생각하는 '마르쉐 감성'을 가장 잘 구현한 곳이지만 판매 품목이 제한적이고 가격대가 꽤 높은 편이다.

지속적으로 착한 소비를 하려면 접근성이 좋아져야 한다. 일주일에 한 번 멀리서 열리는 생산자 마켓이 아니라, 집 앞 마트에서도 근거리에서 생산된 농산물을 포장재 없이 살 수 있어야 한다는 말이다. 친환경이 프리미엄 소비가 아니라 일상적 소비의 영역으로 자리 잡을 때 탄소중립 시대가 한 발짝 가까이 다가오지 않을까?

바스티유 마르쉐 Marché Bastille	
NOUS épiceries anti-gaspi	

벼룩시장에서
보물찾기

초여름처럼 청명하고 선선했던 7월 말의 파리. 우리는 에펠탑 앞 잔디밭에 돗자리를 펴고 앉아 잠봉뵈르 샌드위치를

심화편

먹은 뒤 여행 신문을 펼쳐 에펠탑을 그리며 한가로운 오후 시간을 보냈다. 하루 종일 에펠탑을 눈에 담고 나서는 에투알 개선문에 올라 파리 시내를 내려다보고 마지막으로 개선문 기념품 상점에 들렀다. "이게 19유로라고? 그럼 이거 하나 사면 기념품 예산 끝이잖아!" 아이들이 작은 에펠탑 모형에 마음을 빼앗겨 가격을 확인했는데 생각보다 비싸게 느껴졌던 모양이다.

여행 가기 며칠 전 가족회의 시간. 우리 부부는 계획한 대로 여행 버킷 리스트를 완성해 낸 아이들을 위해 깜짝선물을 준비했다. 유럽 여행 기념품 예산으로 사용할 수 있도록 20유로 지폐 이미지를 인쇄해서 한 장씩 나눠 준 것이다. 아이들은 용돈 기입장을 적듯 지폐 뒷면에 사용 내역을 기록해 나름대로 예산을 관리했는데, 기념품 상점에서 가격을 확인할 때마다 비싼 유럽 물가에 놀라며 고른 물건을 번번이 제자리에 가져다 두곤 했다. 그래서일까. 벼룩시장 방문은 이번 파리 여행에서 아이들이 가장 기대했던 일정 중 하나다. 좋은 물건을 싸게 살 수 있을 거라는 희망이 있었기 때문이다.

19세기 후반, 파리의 청소부들은 밤에는 쓰레기를 치우며 쓸 만한 물건을 골라냈고 낮에는 선별한 물건을 노점에서 팔았다. 이런 거래가 이루어지는 곳을 벼룩시장이라고 불렀는데, 벼룩이 있어도 이상하지 않을 정도로 오래된 물건을 팔았기 때문이다. 오랜 역사와 왕실의 사치스러운 문화로 인해 파리에서는 옷, 보석, 그림, 장식품, 조각상에 이르기까지 진귀한 고물들이 끊임없이 쏟아져 나왔다. 이에 따라 노점들의 규모가 점점 확대되면서 주변으로 자본과

지속 가능한 여행의 길을 찾아서

사람이 몰리게 되자 소매치기 등 범죄의 온상지가 된다. 결국 1908년 정부 방침에 따라 노점들이 강제 해산되면서 단속을 피해 파리 곳곳으로 흩어져 오늘날 파리 벼룩시장의 모태가 되었다.[11]

보통 파리의 3대 벼룩시장이라고 하면 14구의 방브 벼룩시장, 20구의 몽트뢰유 벼룩시장, 파리 외곽에 위치한 생투앙 벼룩시장을 꼽는다. 이중 여행객들이 가장 많이 찾는 곳은 상대적으로 접근성이 좋은 방브 벼룩시장이다.

나는 방브 벼룩시장과 생투앙 벼룩시장을 놓고 저울질하다 방브 벼룩시장 근처에서 북한 식당 '모란'을 발견하곤 반가운 마음에 이곳으로 발길을 돌렸다. 여행 인솔자로 일할 때 자주 갔던 베이징의 북한 식당이 떠오르기도 했고, 무엇보다 아이들에게 북한 사람은 우리와 언어가 통하는 한민족이라는 것을 알려주고 싶었다. 몇 달 전 강화도 여행길에서 아이들은 전망대 망원경을 통해 멀리서 북한 주민을 보는 것만으로 잔뜩 흥분했었다. 집으로 돌아오는 차 안에서 북한 방송을 몇 가지 검색해서 보여주자 북한 말을 알아들을 수 있다며 깜짝 놀랐다.

벼룩시장을 구경하고 모란에 가서 점심을 먹는 보람찬 하루를 생각했는데 지하철역을 빠져나오자마자 빗방울이 후드득 떨어지기 시작했다. 우산을 깜빡한 김에 파리지앵처럼 부슬비를 맞으며 벼룩시장을 천천히 둘러보았다.

반쯤 깨진 조각상을 비롯해 저런 걸 누가 사나 싶은 잡동사니도 있었지만, 이런 게 바로 보물찾기의 묘미 아닌가. 시장을 두 바퀴쯤 돌

심화편

며 샅샅이 뒤진 끝에 딸은 커다란 인조진주가 박힌 예쁜 청록색 귀걸이를 단돈 5유로에 구매했고, 아들은 빨간 자동차 모양 연필깎이를 만지작거리다가 인심 좋은 판매자 할아버지에게서 선물 받는 행운을 얻었다. 일반 기념품 상점에서 살 수 없는 자기만의 특별한 기념품이 생긴 것이다. 나는 빈티지 찻잔과 접시를 하염없이 구경하다가 그릇을 싣고 스위스와 독일까지 기차로 이동할 생각에 아득

지속 가능한 여행의 길을 찾아서

해져서 미련을 뚝뚝 흘리며 돌아섰다.

요즘은 한국에서도 온갖 중고품을 사고파는 플리 마켓이 곳곳에서 열린다. 우리 가족도 동네 어린이 플리 마켓 셀러로 참여한 경험이 있다. 당시 우리는 참여하기 몇 주 전부터 가족회의에서 어떤 품목을 판매할지, 가격 정책은 어떻게 할지, 모객을 위해 현장에서 어떤 이벤트를 진행할지, 각자 어떤 일을 맡을지, 최종 수익금은 어떻게 사용할지 이야기를 나눴다. 수익금의 20퍼센트는 기부하고 나머지는 아이 둘이 반씩 나눠 자유롭게 사용하기로 했다.

행사 당일, 아이들은 한편에 마련된 사랑의열매 부스에 돈을 기부하고 나눠 가진 수익금으로 다른 부스에서 물건을 사기도 하며 즐거운 하루를 보냈다. 아들이 자전거를 탈 때마다 쓰는 상어 모양 헬멧은 거금 5000원에, 딸이 요즘도 소중히 여기며 가지고 노는 포켓몬스터 인형들은 각각 1000원에 들였다.

일상에서 우리는 수많은 품목의 쓰레기를 '재활용'으로 분류하여 버린다. 폐지, 고철, 유리는 재활용을 거듭하며 가치와 품질이 낮아지지만 새 제품을 만들 때보다 자원절약과 탄소 저감에 상당히 도움이 된다. 그런데도 재활용 과정에서 가장 문제가 되는 종류가 있는데 바로 플라스틱과 의류 폐기물이다.

환경부에 따르면 우리나라의 플라스틱 재활용률은 70퍼센트(2020년)로, OECD 추정치인 전 세계 플라스틱 폐기물 재활용률 9퍼센트(2019년)에 비해 월등히 높다. 그러나 실제 전문가들이 추정하는 우리나라 플라스틱 재활용 비율은 10퍼센트대에 불과하다. 유럽이나 국제기구의 플라스틱 재활용 통계 기준과 달리, 우리나라는 소각 과정에서 발생한 열을 에너지로 변환하는 '에너지 회수'를 재활용으로 인정하기 때문이다.[12]

각 가정에서 열심히 분리배출한 쓰레기들은 운송 과정에서 뒤섞이며 선별장 컨베이어벨트에 옮겨진 다음 사람 손으로 다시 분류된다. 이렇게 한 무더기에 뒤섞인 쓰레기 중 재활용 가능한 품목을 분류해 내는 인건비가 폐기물처리비용보다 높다 보니 폐기물의 상당량이 소각될 수밖에 없는 구조적 문제가 있다(대표적인 품목으로 플라스틱 리사이클링 체험의 단골 재료인 병뚜껑이 있다).

대개 가정에서 쓰레기를 분리배출할 때 투명 페트병을 제외하고는 배달 용기나 샴푸 통, 과일 포장재, 화장품 용기 등을 플라스틱류로 한데 묶어 배출한다. 재활용하려면 이를 다시 HDPE, LDPE, PP, PS로 재분류해야 하는데(재질에 따라 녹는점이 달라서 다른 원료가 섞이면 재활용하기 힘들기 때문이다), 선별장에서 재활용 마크를 하나하나 체크하며 분류하기는 힘든 현실이다.

의류도 상황은 크게 다르지 않다. 아이들과 함께 읽은 책 《할아버지의 코트》에는 옷 한 벌을 오랫동안 아껴 입으며 3대가 추억을 쌓는 이야기가 나온다. 코트를 해질 때까지 입다가 재킷을 만들고, 그 재킷이 다시 너덜너덜해질 때까지 입다가 조끼를 만들고, 낡은 조끼로 넥타이를 만들고, 닳고 닳은 넥타이로 손주를 위한 인형을 만드는 이야기. 그러나 지금 우리는 책에 등장하는 할아버지처럼 하지 않는다.

지속 가능한 여행의 길을 찾아서

옷에 얽힌 또 다른 책《안나의 빨간 외투》에는 새 옷을 얻기 위해 양을 키우는 농부와 물레질하는 할머니, 천을 만드는 아주머니, 양장점 아저씨를 차례로 찾아가는 이야기가 나오는데, 이 또한 요즘 상황과는 거리가 먼 내용이다. 패스트패션의 범람으로 우리는 커피 한 잔보다 싼 가격에 티셔츠 한 벌을 살 수 있게 되었고, 가볍게 얻은 만큼 너무나 쉽게 버린다. 그 결과 2021년 기준 국내에서 발생한 의류 폐기물은 연간 11만 톤에 이른다.

우리나라는 개인사업자가 영리 목적으로 설치한 의류 수거함을 통해 헌 옷을 모은 뒤, 상태가 괜찮은 일부 제품만 재활용하고 나머지는 세탁·수선·개조 작업 등을 거쳐 수출한다. 헌 옷은 주로 개발도상국으로 '수출'되며, 선진국으로부터 헌 옷을 '수입'한 현지 사업가는 쓸 만한 품목을 선별하여 자국 시장에 재판매한다. 마지막까지 선택받지 못한 의류들은 사실상 쓰레기로 취급되어 수로와 해변 등지에 버려져 '쓰레기 산'을 이루고, 여기서 흘러나온 유독 화학 성분은 바다와 주변 환경을 오염시킨다.[13] 그 오염물질은 돌고 돌아 다시 우리에게 돌아올 것이다.

결국 아무리 열심히 분리배출을 해도 재활용에는 한계가 있고, 재활용으로 새로운 물건을 만들어내는 것도 비용과 에너지를 소모하는 일이다. 그러니 처음부터 좋은 품질의 물건을 꼭 필요한 만큼만 사서 오래 쓰고, 사용하지 않는 물건은 서로 나누고 바꿔 쓴다면 그만큼 자원을 아끼는 일이 된다. 파리의 벼룩시장이나 우리 곁의 플리 마켓이 소중한 이유다.

심화편

쓰레기 없이 사는 것은 불가능하지만, 쓰레기를 줄이며 살 수는 있다. 나는 최근 1년 사이 플라스틱 용기에 든 주방 세제를 설거지 비누로, 액체형 세탁 세제를 종이에 담긴 고체형 세제로 바꿨다. 제주로 이주한 뒤에는 온라인 쇼핑 플랫폼의 새벽 배송이나 당일 배송 서비스를 이용할 수 없게 되고 도서 지역 추가 배송비 부담이 생기면서 자연스럽게 택배 상자가 줄었다. 물건을 사기 전 고민하는 시간이 길어지며 금전적 여유가 생기고, 쓰레기를 정리하고 버리는 횟수가 줄어든 만큼 시간적 여유가 생긴 것은 덤이다.

마음에 쏙 드는 것을 꼭 필요한 만큼만 소유하는 삶. 유행에 흔들리지 않고 자기만의 스타일을 완성하는 안목. 쓰레기 문제의 해결 방안은 어쩌면 넘치는 정보 속에서 필요한 물건을 스스로 취사선택하는 주체성, 그리고 타인과 비교하지 않는 자존감을 키우는 데 있을지도 모른다.

방브 벼룩시장Portes de Vanves flea market

지속 가능한 여행의 길을 찾아서

스위스에서 실감한
기후위기

　　스위스를 방문한 가장 큰 목적은 지구온난화로 녹고 있는 알프스의 만년설을 직접 확인하기 위해서였다. 기후변화로 눈이 오지 않아 알프스 스키장이 폐쇄되었다거나, 21세기가 끝날 무렵에는 더 이상 만년설을 볼 수 없을 것이라는 뉴스를 자주 접하면서 더 늦기 전에 아이들과 알프스를 보고 싶었다.

알프스 3대 미봉 마테호른, 몽블랑, 융프라우 중에서 융프라우를 여행지로 최종 낙점한 이유는 접근성이었다. 파리 리옹역에서 출발해 융프라우가 있는 인터라켄까지 가려면 스위스 바젤역에서 최소한 번은 환승해야 하지만, 인터라켄에서 다음 목적지인 독일 프라이부르크까지는 직통열차가 있다. 아이 둘을 데리고 가는 여행인 만큼 이동할 때 환승 횟수를 최소화하는 것이 매우 중요했다.

만년설은 새파란 하늘색과 대비되어 눈부신 하얀빛을 뿜어내고 푸른 들판에는 야생화가 흐드러지게 피어 있던 날, 우리는 아이거글레처에서 클라이네 샤이덱으로 이어지는 37번 트레킹코스를 걸었

심화편

지속 가능한 여행의 길을 찾아서

다. 선선한 바람을 맞으며 오솔길을 따라 에메랄드빛 빙하호로 내려가는 길목을 지날 때는 사방에서 워낭 소리가 들렸다. 어디를 찍어도 엽서 속 풍경이 되는, 너무나 평화롭고 아름다워서 현실감이 느껴지지 않는 공간이었다.

꿈결 같은 트레킹을 마치고 클라이네 샤이덱역에서 다시 산악열차를 타고 융프라우요흐 전망대에 올랐다. 순식간에 여름에서 겨울로 시간 이동을 한 기분이었다. 융프라우요흐는 유네스코 자연유산으로 지정된 알레치 빙하를 한눈에 담을 수 있는 곳이다. 길이가 23킬로미터, 두께는 최대 900미터에 이르는 얼음으로 이뤄진 알레치 빙하는 유럽에서 가장 길고 알프스에서 가장 큰 빙하다. 이 웅장한 빙하가 매일 20센티미터 가까이 사라지고 있다. 매년 얼음이 녹으며 수십 년 전 추락했던 비행기 잔해가 발견되기도 하고, 실종된 산악인의 시신을 찾았다는 뉴스를 종종 접하게 되는 것도 이 때문이다. 도대체 지금 지구에는 어떤 일이 벌어지고 있는 걸까?

알프스 빙하는
오늘도 울고 있다

아들의 스위스 버킷 리스트 중 하나는 '세인트버나드 만나기'였다. 세인트버나드는 스위스가 원산지인 초대형견으로, 알프스 설원에서 조난된 사람들을 돕는 재난 구조견으로 잘 알려져 있다. 동물을 좋아하는 아이는 그림책에 나온 세인트버나드를 보고 한눈에 반해버렸다. 당시 애니메이션 〈퍼피 구조대〉(강아지들로 구성된 구조대가 마을의 평화를 지키는 이야기)에 푹 빠져 있던 아이에게는 세인트버나드가 현실판 강아지 구조대로 느껴졌던 모양이다.

인터라켄 시내에 가면 세인트버나드와 유료로 기념 촬영을 할 수 있다는 정보가 있어서 내심 기대했지만, 아쉽게도 기회가 좀처럼 주어지지 않았다. 아이는 결국 전망대 상점에서 기념품 예산을 탈탈 털어 세인트버나드 인형을 샀다. 스위스를 대표하는 이미지로 자주 등장하기도 하는 이 견종은 목에 스위스 국기가 그려진 작은 오크 통을 달고 다니는데, 통 안에는 체온이 떨어진 조난자의 몸을 데워줄 브랜디가 들어 있다고 한다.

그런데 기후변화로 세인트버나드가 실직 위기에 놓여 있다. 전례 없는 폭염으로 알프스 빙하가 녹아내리고 있기 때문이다. 한 빙하 연구단체에 따르면, 최근 20년 사이 스위스 빙하의 3분의 1이 사라졌으며, 녹는 속도가 점점 빨라져서 최근 2년 동안에는 무려 10퍼센트가 줄어들었다고 한다.

과학자들은 지금 속도라면 앞으로 30년 안에 유럽 빙하의 절반이 녹아 없어지고, 2100년에는 빙하의 98퍼센트가 사라져 사실상 소멸할 거라고 경고한다. 현재 아홉 살, 열한 살인 우리 아이들이 살아 있는 동안 빙하가 사라진 황량한 알프스의 산을 보게 된다는 말이다.

지속 가능한 여행의 길을 찾아서

2023년 6월에는 스위스 그라우뷘덴주의 브리엔츠 마을 인근 산에서 거대 암석이 무너져 내려 마을 주민이 모두 대피하는 일도 있었다. 기후변화로 빙하가 줄어들고 고산지대의 언 땅이 녹으면 지반이 불안정해져 대형 산사태가 발생할 위험이 커진다. 우리가 여행길에 만나던 그림처럼 아름다운 산간 마을들이 사라질 위기에 처해 있는 상황이다.

기후변화는 스위스의 관광산업뿐 아니라 에너지 사용에도 영향을 미친다. 풍부한 수자원을 가진 스위스는 필요 전력의 절반 이상을 수력발전으로 얻는다. 지구온난화의 영향으로 빙하가 많이 녹으면 당장은 발전량이 늘겠지만, 장기적으로는 30퍼센트까지 감소할 것으로 예측된다. 이처럼 기후위기를 매일 체감하는 스위스 국민들은 2023년 국민투표를 통해 2050년까지 탄소 배출량을 제로로 만들겠다는 '기후혁신법'을 통과시키기도 했다(이 법에 따라 향후 탄소

심화편

감축 신기술과 친환경 난방 건물 조성에 막대한 지원금이 투입될 예정이다).[14]

알프스 빙하가 녹으면 영향을 받는 지역은 스위스에 국한되지 않는다. 알프스산맥은 중부유럽에서 가장 긴 물길인 라인강의 발원지다. 라인강의 본류는 스위스, 리히텐슈타인, 오스트리아, 독일, 프랑스, 네덜란드 등 여러 나라를 거치며 운하에 의해서 지중해, 흑해, 발트해와도 연결된다. 알프스 빙하는 오랜 세월 동안 계절에 따라 녹고 얼기를 반복하며 이 일대에 안정적으로 물을 공급해 왔으나, 최근 기록적 폭염과 가뭄으로 인해 라인강의 수위가 낮아지면서 유럽의 물류시스템을 위협하고 있다. 알프스 빙하의 절반이 사라지는 2050년이 되면 라인강 일대는 어떻게 변할까? 상상만으로도 등골이 오싹해진다.

전망대 카페에서 창밖을 보니 눈보라가 휘몰아치고 녹은 빙하 물이 폭포수처럼 쏟아지고 있었다. 기후위기의 시대, 알프스 빙하는 오늘도 울고 있다.

여행할 권리와
기후정의

집을 나설 때마다 기저귀 가방과 휴대용 유아차를 챙기던 시절, 나는 '보편적 설계'와 '무장애 여행'이라는 개념에 꽂혀 있었다. 휴대폰 사진첩에 국내외 관광지의 숙소, 화장실, 수유실, 어린이 편의시설을 촬영한 사진이 수천 장에 달할 정도였다.

"장애물 없는 환경은 인구의 약 10퍼센트에게는 절대적으로 필수적이고, 40퍼센트 정도 되는 사람들에게는 필요하다고 생각되며, 100퍼센트의 사람들에게 편리성의 향상을 가져다준다." 당시 나는 책을 읽다 우연히 발견한 이 문장에 사로잡혀 버렸다.

유아차를 끄는 사람에게 필요한 최소 활동 공간은 190센티미터다. 이는 휠체어 두 대가 서로 부딪치지 않고 이동할 수 있는 최소 활동 공간인 180센티미터보다 넓은 것으로, 복도나 이동 통로 등 생활공간의 폭을 190센티미터 이상으로 설계하면 모든 사람이 편안하게 이동할 수 있다는 의미다. 다시 말해, 유아차가 갈 수 있는 길은 모두에게 이로우며, 아이와 여행하기 좋은 환경은 결국 모든 이에게 편리한 환경이라는 말이다.

현실은 어떤가. 나는 아이들과 함께 다니며 여러 불편한 상황을 마주쳤다. 지하철 역사 내 엘리베이터가 없는 구간에서는 유아차를 들고 계단을 위험천만하게 내려가기도 했고, 모처럼 외식하러 갔다가 화장실이나 차 안에서 아이와 나 모두에게 불편한 자세로 기저귀를 갈거나 모유수유를 하는 일도 빈번했다.

나는 목마른 사람이 우물을 파는 심정으로 회사에서 비슷한 또래 아이를 키우는 동료들을 모아 '키즈여행연구회'라는 학습 동호회를 만들었다. 2017년의 일이다. 그해 주말마다 아이들 손을 잡고 국내 키즈여행 인프라와 콘텐츠를 점검한 결과를 바탕으로 《키즈여행

시설 & 서비스 가이드북》(비매품)을 펴냈다. 부디 책이 널리 퍼져 우리나라가 아이와 함께 여행하기 좋은 곳이 되길 바라는 원대한 꿈을 품고 말이다.

어느덧 아이들이 자라서 외출할 때 더 이상 기저귀 가방을 챙기지 않는다. 몇 발짝 못 걷고 안아달라 보채거나 등에 업혀 낮잠을 자던 꼬맹이들은 어느새 나보다 산을 더 잘 타는 멋진 어린이들로 자랐다. 그러면서 무장애 여행에 대한 나의 관심도 자연스레 사그라들었다. 그런데 이번 융프라우 여행에서 가는 곳마다 휠체어를 탄 여행객들을 마주치면서 다시금 '누구나 여행할 권리'에 대해 생각해 보게 되었다.

유럽연합은 2007년 무장애 여행을 위한 가이드라인을 마련해 모든 교통수단에 교통약자를 위한 시설을 구비할 것을 명시하고 있다. 프랑스 파리의 경우 지하철역에서는 엘리베이터를 보기 어렵지만,

지속 가능한 여행의 길을 찾아서

버스와 트램 등 다른 대중교통이 기본적으로 저상형이다. 유럽은 어디를 가든 무장애 여행 환경이 잘 조성된 편이지만 그중에서도 융프라우의 환경은 이번 여행을 통틀어 가장 좋았다.

융프라우 여행의 교통 허브로 볼 수 있는 인터라켄 동역은 역 전체가 넓고 완만한 경사로로 설계되어 있다. 캐리어 가방을 끄는 사람에게도, 유아차와 휠체어 이용자에게도 편안한 길이다. 터미널과 역을 연결하는 곤돌라와 산악열차도 열차와 플랫폼 사이 간격이 좁고 출입구에 경사판이 장착되어 있어 휠체어 사용자가 이용하기에 무리가 없다. 한국도 2015년부터 정부 주도로 전국 각지에 무장애 여행지를 선정하고 접근성 개선과 편의시설 구축을 지원하는 노력을 하고 있지만, 융프라우는 마치 지역 전체가 하나의 거대한 무장애 여행지 같았다.

'모두가 평등하게 여행할 권리'에 대해 지속적으로 이야기해야 하는 상황은 현재 여행 환경이 얼마나 불평등한지를 말해준다. 오늘날 기후위기 문제도 그렇다. 기후위기의 불편한 진실은 이 문제가 모두에게 공평하게 다가오지 않는다는 점이다. 이른바 기후정의 문제다. 남태평양의 작은 섬나라 투발루를 비롯해 기후변화로 인한 피해의 최전선에 서 있는 많은 해안 지역과 세계에서 가장 심각한 물 위기를 겪고 있는 적도 주변 국가, 그리고 때 이른 눈과 비가 반복되어 고통받는 스칸디나비아 북부 사프미에 사는 사람들은 대개 기후변화의 원인에 대한 책임이 매우 작다.

1850년~2021년 사이 주요국의 이산화탄소 누적 배출량을 현재 인구로 나눠보면 캐나다(1751톤), 미국(1547톤), 호주(1388톤), 러시아(1181톤), 영국(1100톤), 독일(1059톤) 순으로 부유한 선진국들이 기후변화에 상당한 원인을 제공했다는 사실을 알 수 있다.[15] 가해자와 피해자가 일치하지 않는 문제가 있는 것이다.

2015년, 195개국 대표는 프랑스 파리에 모여 지구 평균기온 상승을 산업화 이전 대비 1.5도 이하로 제한하기 위해 공동으로 노력할 것을 약속했다. 그러나 생각해 보자. 평균기온이 1.5도 상승한 세상은 현대적 기반 시설과 냉난방 시스템을 완벽히 갖춘 일부 국가의 사람들에게는 아직 살만한 환경이지만, 제3세계 사람들에게는 그렇지 않을 수 있다(심지어 우리나라에도 5만 3700여 명의 에너지 빈곤층이 존재한다는 조사 결과가 있다). 이러한 지역적 불평등은 결국 '기후난민'이라는 새로운 문제를 일으킨다.

어떤 사람들에게는 기후변화가 미래에 닥칠 막연한 공포가 아니라, 매일 맞닥뜨려야 하는 공포이자 생존의 문제다. 지금 이 순간에도 엘살바도르를 비롯한 중앙아메리카에선 몇 년째 이어진 가뭄으로 더 이상 농사를 지을 수 없게 된 농부들이 미국 국경으로 목숨을 건 불법이주를 감행하고 있다. 한 연구에서는 21세기 중반이 되면 가뭄 등 기후요인에 직간접적 영향을 받아 중앙아메리카에서 미국 남부 국경 지역으로 이주하는 인구가 약 3000만 명에 이를 것으로 예측하기도 했다.

지금의 기후 조건에서는 사람이 살 수 없을 만큼 극한 상태인 땅이 육지 표면의 약 1퍼센트뿐이지만, 2070년 즈음이면 육지 표면의 19

퍼센트가 사람이 살 수 없는 땅이 될 거라고 한다. 이에 따라 필연적으로 대규모의 기후난민이 발생할 것이며, 그중에서도 유럽과 가까운 아프리카 대륙은 손꼽히는 우려 지역이다. 유럽이 아프리카에 대한 원조를 지속하는 이유이기도 하다.[16]

이 연구의 결론이 흥미롭다. 기후변화와 이주 문제에 대한 정책적 접근 방식이 바뀐다면 그 결괏값도 확연히 달라진다는 것이다. 이를테면 지구온난화가 극단으로 치닫고 개발도상국에 대한 경제원조가 점점 줄어들수록 이주민이 지속적으로 늘어난다. 이와 달리 지구 온도 상승 속도가 늦춰지고 빈곤 지역에 대한 국외 원조가 지속되는 세상에서는 기후난민도 줄어들어 세계가 훨씬 안정화될 것이다. 이번 생이 '아직은' 망하지 않았다. 미래에 대한 선택권은 여전히 우리 손에 남아 있다.

여행업계에는 '한정판 여행'이라는 개념이 있다. 기후변화 등으로 인해 곧 우리 곁에서 사라질 여행지를 방문한다는 뜻인데, 대표적인 곳으로 해수면 상승과 지반침하의 이중고를 겪고 있는 이탈리아 베네치아(2030년 한정), 산호 백화현상으로 신음하는 호주 그레이트 배리어 리프(2050년 한정), 해수면 상승으로 매년 국토 면적을 갱신해야 하는 몰디브·투발루·마셜제도 같은 적도 부근 섬나라(2100년 한정)가 거론된다. 인간의 힘으로 다시 재현할 수 없다는 점에서 진정한 '리미티드 에디션'이 아닐까 싶다.

안타깝게도 이 같은 여행지는 현재 국내에서도 찾을 수 있다. 2030년부터 본격적으로 물에 잠기기 시작할 것으로 예상되는 부산에서는 해상도시 건설이 추진되고 있고, 인천 앞바다에 해저도시를 건설한다는 이야기도 나오고 있다. 어릴 적 미술 시간에 상상 속 미래도시를 그릴 때 단골 소재로 등장하던 해저도시를 내 생전에 볼 수 있을지도 모른다니… 어린 시절 상상한 것은 기후위기로 인한 피난처가 아니라 새로운 유토피아였건만(투명한 유리창으로 탁한 바닷물과 부유하는 쓰레기를 보는 것은 디스토피아의 풍경에 가까워 보인다).

한정된 것을 원하는 마음은 인간의 본능이지만, 여행객의 발길이 잦아질수록 소중한 풍경들은 더 빨리 우리 곁에서 사라질지도 모른다. 적절한 '거리두기'에 대한 고민이 필요한 때다. 하지만 이 또한 쓸데없는 걱정일 수도 있겠다. 지금 이 순간에도 한정판 여행지는 지속적으로 늘어나고 있으니까.

독일의 환경 도시에서
배운 것

       스위스의 인터라켄에서 독일의 프라이부르크까지는 고속열차로 세 시간도 채 걸리지 않는다. 여행 15일 차, 드디어 이번 여행 프로젝트의 시작점인 프라이부르크에 도착했다. 프라이부르크의 첫인상은 상상했던 것과 달랐다. 교과서와 언론에 소개된 내용을 보며 막연히 그려온 이미지는 모든 건물 지붕이 태양광 패널로 덮인 친환경 도시였는데, 외관상으로 그리 특별한 점은 보이지 않았다.

프라이부르크 시내는 여느 유럽 소도시처럼 대성당을 중심으로 구도심이 형성되어 있고 도시 곳곳에 시민을 위한 녹지공간이 자리 잡고 있다. 거리 곳곳을 걷고 나서야 우리는 비로소 프라이부르크만의 매력을 느낄 수 있었다. 구도심에서는 인도와 차도의 구분 없이 사람과 트램이 도로를 함께 쓰는 진풍경을 볼 수 있는데, 일부 업무용 차량을 제외한 일반차량의 통행이 금지되어 있어서 가능한 일이다. 트램이 지나다니는 철길은 아이들이 뛰노는 광장이 되고,

심화편

지속 가능한 여행의 길을 찾아서

곳곳에 보이는 베힐레 물길은 아이들이 배를 띄우며 노는 놀이터가 된다.

베힐레는 프라이부르크 구도심을 따라 흐르는 작은 수로로, 중세시대에 화재 진압을 목적으로 만들어졌다고 한다. 현재는 도시의 온습도를 조절하는 역할을 하면서 시민들의 휴식처이자 도시의 명물로 자리 잡고 있다. 수로라고는 하지만 폭이 30센티미터 남짓하고 깊이는 아이 발목이 겨우 잠길 정도로 얕다. 계속 흐르는 물이라 그런지 깨끗하게 관리되는 듯했고, 들여다보니 투명한 새우 같은 생물도 살고 있었다.

검은 숲에 서서
구상나무를 생각하다

프라이부르크를 이해하려면 먼저 '검은 숲Schwarzwald'에 가야 한다. 그림 동화 《헨젤과 그레텔》의 배경이면서, 프라이부르크가 환경 도시로 거듭나는 계기가 된 장소이기 때문이다.

1970년대 초, 프라이부르크 외곽에 원자력발전소를 건립하겠다는 독일 정부의 계획에 분개한 시민들은 거리로 나와 시위를 벌였다. 이 시민운동은 프라이부르크를 에너지 자립 도시로 탈바꿈시킨 가장 직접적인 계기가 되었다. 그러나 프라이부르크 시민들을 환경문제에 눈뜨게 하고 그들에게서 지속적인 행동을 끌어낸 원동력은 바로 이 검은 숲에 있다.

1982년 여름, 독일 농림성은 검은 숲에 사는 가문비나무, 전나무, 적송 등이 대기오염과 산성비로 죽어가고 있다고 밝혔다. 당시 숲을 차지하던 나무 중 7.7퍼센트가 환경오염으로 사라진 것이다. 이듬해인 1983년에는 34퍼센트, 그다음 해에는 절반 정도가 산성비로 죽어가는 모습을 목격하면서 시민들은 환경문제를 더 깊이 고민하게 되었다.[17]

본래 검은 숲은 이름처럼 낮에도 컴컴할 정도로 울창한 숲이라는데, 지금은 어떤 모습일까? 프라이부르크 시내에서 검은 숲까지는 기차로 50여 분 남짓 걸린다. 검은 숲은 규모가 워낙 커서 어느 트레킹코스를 선택하는지에 따라 경로가 달라진다. 뚜벅이인 우리는 대중교통으로 접근이 용이한 티티제 호수에서 시작해 힌터자르텐에서 마무리하는 것으로 일정을 잡았다(기차로 한 정거장 거리에 불과한 구간이다). 티티제 호수 주변을 둘러본 다음 힌터자르텐까지 30분가량 도보로 이동해 트레킹을 하고, 힌터자르텐역에서 다시 프라이부르크역으로 돌아오는 최적의 경로다.

티티제역에 내려서 호수 쪽으로 걷다 보니 체리와 블루베리 같은 현지 제철 과일을 저렴하게 파는 상점이 많아서 우리는 과일을 먹으며 소풍을 즐기고 천천히 숲길을 산책했다. 이 길은 오르막길이 거의 없어서 미취학 아이들과 함께하는 일정으로도 손색없다. 티티제 호수는 평범하지만 페들링 보트를 타고 호수를 한 바퀴 돌아

지속 가능한 여행의 길을 찾아서

본 경험은 인상적이었다.

보트를 타고 나서 티티제 호수와 힌터자르텐 사이의 구간을 도보로 이동하다 보면 환상적인 풍경과 마주하게 된다. 사슴 같은 야생동물이 언제 튀어나와도 이상하지 않을 것 같은 한적한 숲길이다. 그러다 중간쯤 슈바르츠발트 제분소 미니어처를 지나게 되는데, 작은 크기의 물레방아가 돌아가는 모습을 배경으로 쉴 새 없이 움직이는 목각 인형들 모양이 재미있다.

"놀이는 모르는 사이에 배우는 것이다"라고 쓰인 탐방로 입구의 표지판 글귀처럼, 힌터자르텐은 아이들을 위한 멋진 놀이와 모험의 공간이다. 울창하고 고요한 숲길을 걷고 있으면 사방에서 이름 모를 새소리가 들리고, 발밑에선 나뭇조각이 밟히는 소리가 자박자박 들려온다. 이끼로 덮인 숲 바닥에서 느껴지는 폭신한 감촉도 기분 좋다.

무엇보다 그곳은 어린이들을 위한 거대한 자연 놀이터였다. 쓰러진 나무뿌리를 활용해서 만든 구조물, 서로 다른 굵기와 질감을 가진 나무를 매달아 완성한 실로폰, 긴 나무 기둥을 옆으로 세워 다양한 높이와 폭으로 만든 평균대도 있다. 숲 놀이터에는 인공적인 부분이 전혀 없다. 그래서인지 놀이기구가 흡사 자연의 일부처럼 느껴졌다.

나는 검은 숲 한가운데에 서서 한라산 구상나무를 떠올렸다. 한라산 구상나무의 고사 원인 중 하나가 서식지 토양에 과잉 축적된 질소 문제인데, 이는 40년 전 검은 숲 가문비나무가 집단 고사한 것

과 같은 맥락이다. 우리가 지금부터 힘을 모아 노력한다면, 한라산 구상나무도 다시 울창하게 자라날 수 있을까? 어쩌면 우리도 수십 년 전의 프라이부르크 시민들처럼 구상나무의 고사 현장에서 더 큰 환경 담론을 시작해 볼 수 있을지 모른다.

지속 가능한 여행의 길을 찾아서

환경 수도의 비밀,
패시브하우스

　　프라이부르크 시내의 한 건물 앞에서 우리는 모두 탄성을 내질렀다. 지금껏 상상해 온 환경 도시의 전형을 보게 된 것이다. 우리가 본 건물은 전체가 태양광 패널로 덮여 있는 시 청사다. 패시브 기술을 적용하여 건축된 이 건물은 외벽과 지붕에 있는 약 800개의 태양광 패널을 통해 냉난방·환기·조명 시스템 등 건물 운영에 필요한 에너지의 대부분을 자체 생산한다. 2018년 운영 첫해 기준으로 에너지 자급률이 82퍼센트였다니 놀랍지 않은가. 지금도 조명 밝기나 가동 시간을 조정하는 최적화 작업을 통해 에너지 자급률을 높이는 과정에 있다.

패시브 기술은 단열과 기밀 성능(공기, 가스 등의 기체를 통하지 않는 성질 또는 성능)을 강화함으로써 건축물의 냉난방 에너지 요구량을 최소화하는 방법이다. 외부 기온 등의 변화가 건축물에 미칠 영향을 최소화해서 적은 에너지만으로도 쾌적한 실내 환경을 유지하게 하는 효과가 있다.[18]

앞서 말한 파리의 오스만식 건물이 건설단계에서 탄소를 감축하는 데 도움이 된다면, 프라이부르크의 패시브하우스와 태양광 패널 등 신재생 에너지 관련 시설은 운영 단계에서 탄소 배출을 줄여준다.

이 건물은 기능적인 면도 뛰어나지만 외형적으로도 매우 아름답다. 공중에서 내려다보면 타원형에 가까운 역삼각형 모양이고, 정면에

서 볼 때는 각진 부분이 없는 매끈한 자태를 뽐낸다. 세로로 긴 직사각형 형태의 태양광 패널이 건물 전면을 둘러싸고 있는데, 패널이 창 전체를 덮는 형태가 아니라 비스듬하게 배치되어 있어 실내에서도 채광이 확보되고 개방감이 느껴졌다. 프라이부르크는 독일에서 가장 따뜻하고 일조량이 많은 도시라서 태양광 발전을 통해 필요 에너지의 상당 부분을 충당하고 있다. 이 같은 환경 수도로서의 면모가 널리 알려진 덕에, 지속 가능한 관광과 도시 개발에 관심이 있는 전 세계의 기관과 여행객이 이곳을 찾는다.

친환경적인 방식으로 에너지를 얻는 것도 중요하지만 최대한 에너지를 적게 사용하는 방식도 필요한데, 이를 위해 프라이부르크는 1992년부터 공공건물이나 시가 소유한 토지에 짓는 모든 건축물을 '패시브하우스(저에너지 건축)'로 제한했다. 프라이부르크 건물 관리국은 학교나 행정기관 같은 비거주용 건물의 에너지 관리를 맡으며 건물 에너지 최적화를 위한 엄격한 에너지 지침을 마련했다. 이에 따라 공공건물에는 태양광 패널을 설치하고 열병합발전을 통해 에너지 효율을 높이는 것을 권장한다(단열을 강화함으로써 에어컨 시스템 없이도 쾌적한 환경을 유지하는 데 초점을 맞추고 있다). 이렇게 노력한 결과 프라이부르크는 1990년 이후 공공건물의 탄소 배출량을 절반 가까이 줄이는 데 성공했다.

세종시에 오랫동안 거주했던 우리 가족은 이 건물을 자연스럽게 정부세종청사와 비교하게 되었다. 정부세종청사는 위에서 내려다보면 S자 형태의 '용' 모양으로 설계되었다는데, 일반적인 우리 눈높이에선 그저 평범한 철근콘크리트 구조물이다. 15개 동 건물을 하나로 연결한 세계 최대 규모의 정원은 기네스북에 등재되어 있는데, 건물 간 이동 시간이 오래 걸리는 등 동선이 비효율적이라는 비판도 있다.

정부세종청사는 2008년 12월 착공 후 2014년 11월 완공되었으니 비교적 최근에 지어진 건축물이고, 세종시는 여전히 개발이 진행 중인 신도시다. '세계 최고의 환경 도시'를 표방하지만 실상은 오르막길이 많아 자전거 이용이 어렵고, 중심지를 살짝 벗어나면 대중교통 인프라가 부족해서 차 없이 살기 좋은 곳은 아니다. 그 결과 다른 도시와 마찬가지로 출퇴근 시간이면 심한 교통체증에 시달린다. 교통체증의 원인 중 하나로는 주요 도심권 도로를 4차선 이내로 설계한('보행 친화 도시' 정책의 일환이다) 문제가 꼽히는데, 단순히 차선을 줄일 게 아니라 대중교통 인프라를 확충하면서 걷고 싶은 보행 환경을 조성하는 작업이 선행되었으면 좋았을 듯하다.

아쉬운 점은 그뿐만이 아니다. 도시개발 과정에서 (호수공원과 국립 수목원을 조성하기 위해) 멸종위기종 금개구리를 비롯한 수많은 법정 보호종과 희귀종의 서식지로 확인된 장남평야가 3분의 2 이상 파헤쳐졌다. 그런 배경을 아는 나로선 기후변화에 대한 사회적 인식조차 없던 30여 년 전에 도시의 미래를 설계한 프라이부르크 사람들이 새삼 대단하게 느껴지고 참 부럽다.

생태마을
보봉

프라이부르크 도심 곳곳에서도 친환경 도시의 면모를 엿볼 수 있지만, 태양광 패널로 뒤덮인 '미래도시'를 제대로 느끼려면 생태마을 보봉으로 가야 한다. 보봉은 프라이부르크 도심에서 트램으로 15분 정도 거리에 있어 접근성이 좋다. 우리는 그곳에 있는 친환경 호텔 'Green City Hotel Vauban'에 묵었다 (투숙 기간 동안 도심을 왕복하는 트램 무료 이용권을 제공하므로 짧은 일정으로 프라이부르크를 방문한다면 호텔 숙박을 권한다).

보봉은 제2차 세계대전에서 독일이 패한 이후 1992년까지 프랑스 군의 병영이 있던 지역이다. 프랑스 군대가 철수하고 빈터로 남은

이 지역의 활용 방안을 논의하는 공청회가 열렸는데, 이곳을 생태마을로 만들자는 의견이 나오자 주민들이 뜻을 같이했고, 시의 지원을 받아 생태마을을 만들기 위한 시민모임 '보봉 포럼'이 결성되기에 이른다. 그것이 오늘날 '프라이부르크의 환경 교과서'로 불리는 생태마을 보봉의 시작이다.

보봉에는 세계 최초의 플러스 에너지 상업 시설과 친환경 호텔, 에너지 연립주택 등 패시브하우스가 밀집되어 있다. 작은 마을이라 천천히 산책하듯 돌아보기 좋은데, 마을 내에는 차 없는 거리가 조성되어 있어 아이들이 마음껏 뛰며 장난쳐도 안전하다.

마을 안에는 식당이 몇 군데 없어서 그린시티 호텔에 묵은 2박 3일 동안 세 번이나 같은 식당에 갔다. 마을 랜드마크 중 하나인 'Haus037'이라는 상징적인 이름을 가진 건물 1층에 자리한 음식점이다. Haus037은 나치 독일 시대에 지어진 막사 건물로, 한때는 장교들을 위한 카지노 시설로 사용되었다가 패시브 하우스로 리모델링되어 지금은 주민 커뮤니티센터로 쓰이고 있다.

한 번은 저녁 시간대에 방문했는데 동네 주민들로 북적이는 모습이 꼭 동네 사랑방 같았다. 식당 내에 동양인이라곤 우리밖에 없어서 마치 외국 드라마의 한 장면 속으로 걸어 들어가는 느낌이랄까. 바쁜 와중에도 우리를 반갑게 맞아주며 식사 내내 마음을 써준 직원이 기억에 남는다. 사실 유럽 여행을 앞두고 인종차별을 겪으면 어쩌나 걱정되어 인종차별 이야기를 다룬 그림책《사라, 버스를 타다》를 아이들과 함께 읽기도 했는데, 오히려 호의적인 경험을 많이

심화편

했다. 사회 전반적으로 아이를 동반한 이들을 배려해 주는 분위기
였다.

보봉의 또 다른 랜드마크는 '헬리오트롭(Heliotrop, 그리스어로 '태양'을
의미하는 Helios와 '회전'을 뜻하는 Tropos가 합쳐진 이름)'이다. 헬리오트롭
은 독일의 건축가 롤프 디쉬가 설계하고 실제로 거주하는 태양광
주택으로 유명하다. 이곳은 외부 지름이 11미터에 이르는 3층짜리
원통 모양의 주택인데, 건물 옥상에 설치된 60제곱미터의 태양광
패널이 태양의 움직임에 따라 방향을 바꿔가며 에너지를 만들어
낸다. 이 건물은 개인 거주지라서 외부만 볼 수 있는데 주변이 온통
포도밭이라 산책 코스로도 손색이 없다.

언덕에 올라 내려다본 포도밭과 마을 풍경은 한없이 평화롭고 아
름다웠다. 이 풍경은 아무 대가 없이 주어진 보상이 아니다. 앞서

지속 가능한 여행의 길을 찾아서

1970년대 원자력발전소 건립 계획에 반대하는 시민운동의 선봉자들이 바로 이 포도밭을 가꾸는 농민들이다. 원자력발전소에서는 전력 생산과정에서 발생하는 열을 식히기 위해 뜨거운 물을 주변으로 흘려보내기 때문에 주변 강물의 온도가 올라가고, 강물의 온도 변화는 필연적으로 포도나무의 성장과 수확에 악영향을 끼친다. 그래서 포도밭을 가진 농민들이 절박한 심정으로 원자력발전소 건립 반대 집회에 참여했던 것이다.

프라이부르크가 환경 수도로 성장해 온 여정을 살펴보면 시민운동의 저력이 느껴진다. 앞서 나온 Haus037도 원래 시에서는 주거용 건물로 활용할 계획이 있었으나 시민들이 지역 공익을 위한 공간으로 조성해 달라고 요구하며 리모델링 비용의 3분의 1 이상을 자체 모금으로 조달했다. 역시 행동하지 않고 그냥 얻어지는 것은 없는 듯하다.

한국인의 시민의식도 상당히 성숙한 수준이고 여러 환경단체가 지치지 않고 목소리를 내고 있으나, 국내에서 유독 환경문제는 번번이 경제 논리에 밀리는 것 같다. 새만금 개발 문제를 다룬 환경 다큐 〈수라〉의 이례적 흥행과 세종시 국토부 청사 앞에서 수년째 이어온 새만금 신공항 철회 촉구 천막 농성에도 불구하고 새만금국제공항은 2025년 착공 예정이고, 제주 제2공항을 둘러싼 논쟁도 끊이지 않고 있다.

지난 22대 총선을 앞두고 길목 여기저기에 걸린 공약 홍보 현수막을 물끄러미 보던 아들이 내 옷소매를 잡아당기며 말했다. "엄마,

저 후보는 제주도에 공항을 더 지을 거래. 설마 저 사람한테 투표하려는 건 아니지?" 미래세대들은 지금의 우리보다 훨씬 나은 결정을 내리며 살아갈 것 같은데, 어른이 된 아이들에게 선택지가 거의 남아 있지 않다면 어쩌나, 걱정이다.

지속 가능한
놀이터

아이들과 유럽에 간다고 했을 때, 주변에서 고생스럽지 않겠냐며 걱정하는 말을 많이 들었다. 사실을 말하자면 나는 이번 여행에서 그 어느 때보다 혼자만의 여유를 충분히 누렸다. 하루에 최소 한두 시간 정도는 숙소나 관광지 인근 놀이터에서 아이들에게 자유 시간을 주었기 때문이다.

국내에서 프라이부르크에 관한 책과 영상 자료는 대개 환경 수도로서의 면모에 초점이 맞춰져 있어 일반적인 여행 정보를 얻기는 쉽지 않았다. 그때 우연히 접한 《엄마도 행복한 놀이터 : 생태도시 프라이부르크로 떠난 놀이터 여행》은 단비 같은 책이었다. 나는 이 책을 보며 다양한 자연 놀이터의 모습을 막연하게 생각하곤 했는데, 직접 경험한 독일 놀이터는 예상보다 훨씬 더 놀랍고 인상적인 공간이었다.

지속 가능한 여행의 길을 찾아서

20대 대학생 시절 유럽에서 배낭여행을 할 때는 놀이터라는 공간에 티끌만큼의 관심도 두지 않았다. 그랬던 내가 20여 년 만에 아이들과 여행하면서 도시 곳곳에 보물처럼 숨겨진 공원과 놀이터를 찾는 재미에 빠졌다. 파리에서 주요 여행지마다 근처에 자리한 회전목마를 타본 것도 흥미로웠고, 스위스에서 대자연을 배경으로 한 놀이터를 즐긴 것도 멋진 경험이었지만, 아이들이 입을 모아 최고로 꼽은 곳은 독일의 놀이터다. 이곳 놀이터는 대체 어떤 매력이 있기에 아이들이 지치지 않고 놀 수 있는 걸까? 다른 곳에 없는 독일 놀이터만의 특징을 꼽아보면 특별한 점이 보인다.

먼저 우레탄 바닥이 없다. 대신 바닥 전체에 두툼하게 깔린 작은 나뭇조각이 완충 역할을 한다. 우리나라 놀이터에 깔린 알록달록한 우레탄 바닥은 푹신한 소재라 아이들이 넘어져도 상대적으로 안전하고 관리가 쉽다는 장점이 있다. 그러나 바닥 겉면이 우레탄으로 된 놀이터의 먼지 속에는 1급 발암물질인 다환방향족탄화수소가 들어 있는데, 그 양이 모래만으로 이뤄진 놀이터보다 평균 4.3배 더 많다는 연구 결과가 있다. 그 외에도 놀이터의 우레탄 바닥에서는 신경계와 발달에 영향을 줄 수 있는 납을 비롯해 중추신경계와 신장 기능 저하를 일으키는 카드뮴 등 다양한 중금속이 검출된다. 놀이터 바닥재에 대한 환경 안전 관리 기준은 계속 강화되는 추세지만, 화학물질로 제조되는 한 유해물질 노출을 근본적으로 피하기는 어려워 보인다. 독일의 놀이터에 깔린 나뭇조각은 비 오면 축축하게 젖었다가 햇볕에 마르기를 수천 번 반복하며 모서리가 만질만

질하게 다듬어져 있었고, 그 사이를 뚫고 싱그러운 풀잎이 돋아나 있었다. 우레탄 바닥은 해가 쨍한 여름날이면 아지랑이가 피어오를 정도로 뜨거워져 발을 디딜 수도 없는 데 반해, 나뭇조각 바닥은 여름에도 기분 좋은 선선함을 머금고 있다. 나무는 그 자체로 탄소를 가둬놓고 있으니 환경을 위해서도 탁월한 선택이 아닐 수 없다.

독일 놀이터의 또 다른 특징은 알록달록한 플라스틱 놀이기구가 없다는 점이다. 구글 맵으로 주변 놀이터를 검색하면 공원이나 주택가 기준으로 1킬로미터 반경에 한두 곳은 꼭 있지만 자세히 보지 않으면 무심코 지나칠 정도로 눈에 잘 띄지 않는다. 우리가 사는 아파트 단지 놀이터는 해적선이나 잠수함 같은 다양한 컨셉의 휘황찬란한 공간을 여러 개 갖추고 있는데, 독일 놀이터의 기구는 대개 나무로 만들어져 있고 페인트칠도 되어 있지 않은 경우가 많았다. 놀이

　지속 가능한 여행의 길을 찾아서

기구 주변에는 으레 커다란 나무가 있어서 더운 한낮에도 자연스럽게 그늘이 진다. 프라이부르크 도시 정원에서 만난 놀이터에는 나무를 그대로 활용한 놀이공간이 있었다. 높이가 어른 키의 몇 배는 될 듯하고 둘레는 수십 미터 정도로 보이는 거대한 나무를 그대로 활용했는데, 표면을 조금 매끈하게 다듬은 것 외에는 별다른 안

심화편

전장치가 없었다. 나뭇가지와 잎사귀로 둘러싸여 어둑한 느낌을 주는 비밀 아지트 같은 공간에서 아이들은 원숭이처럼 나무를 오르내리며 한참을 놀았다. 한국은 어떤가? 여름 한낮에는 놀이터에서 노는 아이들을 보기 어렵다. '여름철 화상 주의'라는 안내문을 붙여놓은 곳도 있다. 독일 아이들은 한여름에도 시원한 그늘에 있는 놀이기구에서 하루 종일 신나게 뛰어논다.

마지막으로는 놀이기구가 별로 없다는 점을 들 수 있다. 일부 놀이터에는 집라인, 그물 인공암벽, 평균대 등이 설치되어 있었지만 대부분은 그네, 미끄럼틀, 모래놀이 공간 정도만 갖추고 있었다. 프라이부르크에는 딱히 관광지라고 할 만한 곳이 별로 없어서 아이들이 하루의 대부분을 놀이터에서 보냈는데, 놀이기구도 별로 없는 곳에서 연신 "조금만 더 놀래!" 하며 신나게 노는 모습이 인상적이었다. 아이들은 놀이터 한가운데에 있는 커다란 바위에 올라가 역할놀이를 하기도 하고, 평균대 양쪽 끝에서 가위바위보를 하며 누가 먼저 건너는지 시합도 하고, 여러 가지 방법으로 바구니 그네를 타며 깔깔거리기도 했다. 소박하지만 창의적인 상상 놀이가 가능한 공간이었다.

놀이터를 순례하며 재미만 얻은 것은 아니다. 방학 동안 놀이터에서 다양한 신체 활동을 경험하며 아이의 운동신경이 눈에 띄게 좋아졌다. 특히 겁이 많아 2층 높이의 미끄럼틀도 못 타던 아들이 이제는 아찔한 높이의 미끄럼틀에 주저 없이 도전하게 되었고, 몸을 쓰는 데 제법 자신감이 생겼다. 여행 후 오랜만에 합기도 수업에 보

지속 가능한 여행의 길을 찾아서

냈더니 아이가 5단 뜀틀 구르기를 잘해서 기계체조 선수를 해도 되겠다는 사범님의 칭찬도 들었다. 아이들은 여행 중에도 계속 성장한다.

Spielplatz Rebstock West (프랑크푸르트)	
Spielplatz Stadtgarten (프라이부르크)	
Spielplatz Grünspange II, Gerda-Weiler-Straße (프라이부르크)	

즐거운 경험을 안겨준 놀이터에 이어 우리는 추억거리가 될 만한 일을 또 만나게 되었다. 아이들이 프라이부르크 중앙역 앞 거리에 떨어진 육각형 모양 포켓몬 카드를 발견하고는 난리가 난 것이다. 포켓몬 덕후들이 지구 반대편 독일에서 포켓몬 카드를 발견하다니, 얼마나 신났겠는가.

길에서 주운 카드를 앞뒤로 살펴보다가 맥도날드 로고를 발견하고 구글 맵에서 가장 가까운 지점을 검색해 찾아갔는데, 알고 보니 그 달의 해피밀 장난감이 포켓몬 카드 팩이었다. 잠시 후 햄버거 세트와 함께 포켓몬 카드 팩을 받아 든 우리는 깜짝 놀라고 말았다. 카드가 종이 케이스에 담겨 있는 것이다. 덮개 뒷면에는 FSC 마크가 선명하게 찍혀 있었다(산림관리위원회FSC Forest Stewardship Council는 기존의 산림이 손상되는 생산 방식을 막고 지속 가능한 산림경영을 정착시키기 위한 목적으로 1994년 전 세계 환경운동가와 지역사회 지도자 그룹, 다양한 이해관계자가 자발적으로 모여 설립한 기관이다).

나는 딸아이가 초등학교 3학년 때 읽던 환경 책을 통해 처음으로 FSC 인증에 대해 알게 되었는데, 그 뒤로 화장지나 A4용지 등은 FSC 인증 제품으로 구입하려고 노력한다. 종이도 결국은 나무를 베어 만드는 거라 환경에 유해하다는 걱정이 있었는데, 나무도 노령화 단계에 다다르면 탄소 흡수량과 배출량이 같아지기 때문에 적당한 벌목과 수종 교체는 탄소 배출량을 줄이는 데 도움이 될 수 있다고 한다. 이런 이유에서 2011년 제17차 기후변화협약 당사국총회에서는 '수확된 목제품(산림에서 수확 후 외부로 운송되어 재료 또는 연료로 쓰이는 모든 목재 기반 물질)'이 국가의 산림탄소계정에 포함되었다.[19]

목재를 가공하여 펄프를 만들어 유통하고 용도에 맞게 재가공하는 모든 공정에서 많은 에너지가 소비되므로 종이를 아끼는 일은 중요하다. 그렇지만 플라스틱에 비하면 종이가 자연에서 분해되는 시간과 환경에 미치는 영향은 상대적으로 적은 편이다. 현재로서는 포장재를 만들 때 종이를 쓰되 FSC 인증 종이를 선택하는 것이 최선이라고 본다.

그동안 나는 아이들 성화에 못 이겨 산 포켓몬 카드를 한 박스씩 뜯을 때마다 수많은 비닐 포장재에 현타가 왔었다. 홀로그램이 들어간 '전설 카드'에 밀려 외면받는 '일반 카드' 무더기를 보면서는 또 재활용도 안 되는 예쁜 쓰레기를 샀다며 아이들을 구박했다. 그런 문젯

지속 가능한 여행의 길을 찾아서

거리 포켓몬 카드가 독일에서는 FSC 인증을 받은 종이로 제작되고 있다니, 환경문제에 진심인 독일다웠다. 어쩌면 환경보호는 일상적으로 사용하는 제품에 대한 사소한 고민과 발상의 전환에서 시작되는 게 아닐까. FSC 인증 마크가 있는 포켓몬 카드처럼 말이다.

플라스틱을 사지 않을
권리

　　프라이부르크 대성당이 자리한 광장에서는 월요일부터 토요일까지 아침마다 뮌스터 마켓이 열린다. 대성당을 둘러싸고 신선한 과일과 채소, 고기, 치즈, 각종 향신료, 수공예품을 파는 130여 개의 가판대와 푸드트럭이 들어서는데, 구경하다 보면 시간 가는 줄 모를 정도로 재밌고 활기가 넘치는 공간이다.

우리는 매일 이곳에 들러 장을 보고 푸드 트럭에서 산 소시지 빵으로 식사를 해결했다. 프랑스, 스위스, 독일 세 나라를 놓고 보면 그나마 독일 물가가 저렴한 편이라고는 하지만, 독일에서도 아이들과 레스토랑에서 식사하려면 최소 40유로 정도는 각오해야 한다. 그런데 이곳에서는 20유로 정도면 소시지와 과일, 디저트까지 근사한 한 끼를 즐길 수 있다.

유럽의 많은 시장이 그러하듯 뮌스터 마켓에서도 플라스틱 포장과 비닐봉지는 찾아보기 어렵다. 대부분이 각자 쇼핑 카트를 끌고 와서 장을 보고 포장이 필요한 경우 종이봉투를 이용하며, 소포장된 과일들은 도톰한 종이상자에 담겨 있다. 국내에서는 가격이 높아 마음껏 먹기 힘든 체리나 블루베리 같은 과일이 상대적으로 훨씬 저렴하고 신선했다. 대부분 프라이부르크 근교에서 재배되어 갓 수확된 것들이다. 우리는 근처 광장 분수대에 걸터앉아 분수대에서 뿜어져 나오는 물(식수 표시가 되어 있다)로 과일을 씻어 먹으며 사람들을 구경하곤 했다.

뮌스터 마켓에서 프라이부르크 대학 교정을 가로질러 10분 정도 걸으면, '유리 상자'라는 이름의 제로 웨이스트 상점이 나온다. 이곳은 2019년 프라이부르크에 처음 문을 연 플라스틱 프리 마트로, 각종 파스타나 곡물 같은 식료품부터 샴푸, 컨디셔너, 주방 세제까지 모두 각자 용기를 가져와 구입해야 하는 곳이다.

장을 보기 전 마트 한편에 있는 저울에 용기를 올려놓고 버튼을 누르면 바코드가 찍힌 스티커가 출력된다. 이 스티커를 용기에 붙이면 결제할 때 용기 무게만큼 금액을 차감하고 계산해 준다. 우리는 저녁거리로 삼색 푸실리 파스타와 토마토소스, 양파를 산 다음 숙소에서 토마토 파스타를 만들어 건강하고 맛있게 한 끼를 해결했다.

한국의 마트 진열대에서는 과일과 채소가 대개 투명한 플라스틱 상자에 담겨 있는데 유럽의 마트에서는 보기 어려운 풍경이다. 묶음 포장이 필요한 상품은 손상을 최소화할 수 있게 디자인된 다양한 규격의 종이 상자에 들어가고, 대부분은 아예 포장 없이 진열대

지속 가능한 여행의 길을 찾아서

에 쌓여 있다. 나는 평소 가능하면 종이 상자에 담긴 식재료를 사려고 한다. 박스 단위로 판매되는 제품들은 보통 필요 이상으로 많은 양이라 4인 가족이 열심히 소비하지 않으면 일부는 상해서 버리게 되는 상황이 생긴다. 어차피 집에 오면 바로 재활용 수거함으로 직행하게 되는 플라스틱 포장재는 왜 필요한 걸까?

한국은 배송 중 상품 훼손을 방지하기 위해 플라스틱 포장재를 과도하게 사용하는 경향이 있다. 나는 종종 못난이 농산물 꾸러미를 주문하는데, 복숭아처럼 쉽게 무르는 과일은 종이봉투에 담기면

심화편

거의 먹을 수 없는 상태로 배송될 때도 있어서 포장 상태가 아쉬웠다. 그런데 이번 여행에서 종이 상자에 담긴 상품을 사보니 상품에 꼭 맞게 디자인되면 플라스틱만큼이나 견고하고 실용적이었다. 포장 문제의 핵심은 포장재에 쓰이는 재료가 아니라, 그 안에 담긴 고민과 디테일에 있을 것이다. 장을 보고 나와 제로 웨이스트 매장 앞에서 아이들과 기념사진을 찍는데, 전면 유리창에 붙은 문구에 눈길이 간다.

"기후는 변하고 있는데, 우리는 왜 변하지 않습니까The climate is changing, why aren't we?"

우리 가족은 아침마다 짤막한 뉴스 영상을 함께 보고 이야기를 나눈다. 나는 지난 몇 년간 뉴스 기사를 스크랩해 오면서 지구 곳곳에서 매일 산불, 홍수, 가뭄 등 이상기후로 인한 재해가 끊이지 않는다는 놀라운 사실을 알게 되었다. 기후는 계속 변하는데, 우리는 왜 그대로일까? 환경을 지키는 것은 어쩌면 그리 거창한 일이 아닐 수도 있다. 외출 전 장바구니와 도시락통을 챙기는 것처럼.

뮌스터 마켓Münster markt

유리 상자Glaskiste

지속 가능한 여행의 길을 찾아서

국내에도 제로 웨이스트를 지향하는 가게가 하나둘 늘고 있다. 인터넷으로 주문할 수 있는 가게는 재생지로 만든 상자, 종이 완충재, 종이테이프를 사용한 친환경 포장으로 상품을 보내주는 편이지만, 되도록이면 오프라인 매장을 방문하길 권한다.

제로 웨이스트 가게에서 판매하는 제품에 대해 좀 더 상세한 설명이 듣고 싶다면, 알맹상점 도슨트 프로그램에 참여해 보자. 알맹상점은 국내 최초 제로 웨이스트 가게로 매월 도슨트 프로그램에 참여하면 매장의 주요 상품과 알맹상점의 자원순환 활동에 관한 설명을 들을 수 있고, 플라스틱 병뚜껑으로 업사이클링 소품을 만드는 체험 활동도 할 수 있다. 매장 한편에는 재사용 플라스틱·유리 용기를 비치하고 있어서 리필 상품을 체험하기도 좋은 곳이다. 나는 1리터짜리 음료 공병에 유칼립투스 샴푸를 가득 채워 왔고, 아이들은 복숭아 민트 향 고체 치약을 골라 기분 좋게 사용하고 있다.

제로 웨이스트 가게에서 일하는 분들은 기본적으로 환경문제에 많은 관심을 두고 있고, 착한 소비를 도와줄 준비가 되어 있다. 아이들과 제주 시내에 있는 제로 웨이스트 상점을 방문했을 때의 일이다. 나는 생분해 비닐장갑과 일회용 라텍스 장갑 중 어느 쪽이 환경에 덜 해로울지를 두고 매장 직원과 한참 이야기를 나눴다. 그 사이 아이들은 자기들끼리 물건을 구경하고 노는 듯했는데, 집에 돌아가서는 할머니에게 비닐장갑을 사용하지 말고 그냥 맨손으로 음식을 만들어달라며 잔소리를 했다.

아이들은 어른들이 생각하는 것 이상으로 환경문제에 관심이 많고, 배운 것을 바로 실천하는 행동가들이다. 실제로 아이들이 먼저 학교나 책을 통해 '제로 웨이스트 가게'라는 공간을 알게 되어 부모를 이끌고 매장을 방문하는 경우가 적지 않다고 한다. 우리 아이들은 이날 가게에서 쌀 빨대를 선물 받았는데, 사실 사용하지 않는 것이 가장 좋지만 누군가는 음료를 마실 때 빨대가 꼭 필요하기 때문에 친환경 소재로 만든 것도 있어야 한다는 사실을 배웠다(나의 큰언니는 류마티스관절염이 심해질 때면 컵을 드는 것도 힘들어한다. 아이들은 이모를 위한 쌀 빨대를 구입했다). 이런 경험을 통해 아이들은 세상에 대한 이해의 폭을 넓혀간다.

알맹상점
도슨트 투어

전국 제로 웨이스트
가게 지도

플라스틱 없는 일상, 가능할까

"자, 오늘은 그동안 모은 플라스틱 페트병을 보물로 바꾸는 날이야. 준비됐지?"

독일 여행을 시작하며 아이들에게 독일의 플라스틱 수거 제도에 대해 알려주고, 여행 중 공병을 모아 그 금액만큼 원하는 물건을 사보자고 제안했다. 마침 아이들은 퍼피 구조대 장난감이 들어 있는 초코 푸딩에 푹 빠져 있던 참이라 플라스틱 보증금 환급금을 모아 푸딩을 잔뜩 살 기대에 부풀었다. 우리는 프랑스와 스위스를 거치며 과자 포장지 몇 개 외에는 플라스틱 쓰레기를 거의 만들지 않았는데, 독일에서는 플라스틱 수거 제도 체험을 위해 일부러 플라스틱 페트병에 든 생수를 여러 개 샀다.

플라스틱 사용이 좋지 않다는 것은 누구나 알고 있다. 하지만 현실적으로 플라스틱 없는 세상에 살기란 어렵다. 독일은 플라스틱 사용을 비교적 엄격하게 규제하는 나라지만, 플라스틱 문제에서 완전히 자유로운 곳은 아니다. 그래도 '판트(Pfand, 2003년부터 시행된 독일의 일회용기 보증금제)' 같은 제도를 통해 플라스틱 수거 및 재활용을 성공적으로 해내고 있는 걸 보면 과연 세계적인 환경 대국답다. 페트병 재활용률이 95퍼센트에 달하고, 길거리에 버려지는 페트병을 찾아보기 어려운 것은 독일 시민들의 환경 의식이 투철해서만은 아닐 것이다.

독일에서 알루미늄 캔이나 페트병에 담긴 음료를 구매할 일이 있다면 제품 측면에 판트 표시가 있는지 확인하자. 이 표시가 있다면 마트 입구에 있는 수거 기계에서 개당 0.25유로의 보증금을 바코드 쿠폰 형태로 돌려받을 수 있고, 이 쿠폰을 계산대에서 현금처럼 바로 사용할 수 있다(독일 마트에서 판매되는 1.5리터 생수 한 병이 가장 저렴한 PB상품 기준으로 0.27유로였는데, 병을 반납하면 0.25유로를 돌려주니 실제로는 단돈 0.02유로다. 즉 우리 돈 28원으로 생수 한 병을 살 수 있는 셈이다).

플라스틱 생산과 플라스틱 폐기물 소각으로 발생하는 이산화탄소

지속 가능한 여행의 길을 찾아서

는 전 세계적으로 연간 약 4억 톤 정도다. 따라서 플라스틱을 재활용하면 플라스틱 생산에 드는 화석 연료량을 줄이는 동시에 탄소 배출을 억제하는 효과도 기대할 수 있다. 매년 전 세계 플라스틱 생산량의 1.5~4퍼센트를 차지하는 500만~1300만 톤의 플라스틱이 해양으로 유입되고 있으며, 그 결과 플라스틱이 해양쓰레기의 80퍼센트 이상을 차지하는 것으로 추정된다. 특히 최근에는 해양에 축적된 미세플라스틱이 먹이사슬을 통해 식품과 식수 등에 유입된다는 연구 결과도 있어 환경뿐 아니라 인류의 건강도 위협받는 상황이다.[20]

그럼에도 점심시간 카페에서 플라스틱 컵에 든 커피를 들고 동료와 수다 떠는 즐거움, 간밤에 온라인쇼핑몰에서 플라스틱 상자에 담긴 식재료를 주문해 새벽에 받는 즐거움은 여전히 포기하기 어렵다.

2023년 환경단체 그린피스와 충남대 연구팀의 공동연구에 따르면, 2020년 기준 한국인 1인당 일회용 플라스틱 사용량은 생수 페트병 109개, 일회용 플라스틱 컵 102개, 일회용 비닐봉지 533개, 일회용 플라스틱 배달 용기 568개로 나타난다. 이 네 가지 주요 품목만 더해도 1인당 일 년에 약 19킬로그램의 플라스틱을 소비하고 있으며, 2020년 기준 생활계 플라스틱 폐기물의 최소 20퍼센트가 일회용 플라스틱이라는 것을 알 수 있다. 2020년 초부터 전 세계적으로 코로나19가 확산되어 배달 음식 주문, 온라인 쇼핑 등 비대면 소비가 폭발적으로 증가하며 사람들의 라이프스타일에 근본적 변화가 일어났다. 짐작하건대 현재 1인당 플라스틱 사용량은 더욱 증가했을 확률이 높다.

아이러니하게도 한국은 2002년 세계 최초로 패스트푸드점과 커피 전문점을 대상으로 일회용 컵 보증금제를 실시한 나라였다. 그러다 2008년 업체별 자율 시행으로 규제가 완화되며 사실상 제도가 폐지되는 수순을 밟았다. 2022년에는 '자원재활용법'에 따라 일회용 컵 보증금제가 재도입되고 제주와 세종의 프랜차이즈 사업장을 대상으로 시범 운영되었다. 그러다 2023년 8월 환경부가 2025년까지 일회용 컵 보증금제를 전국으로 확대 시행하겠다는 방침을 바꿔 제도 자체를 전면 재검토하겠다는 뜻을 밝히면서 답보 상태에 머물러 있다.

우리가 만난 프라이부르크 사람들을 보면 특별히 환경 의식이 투철하다거나 개인의 이익보다 공익을 앞세우는 타입은 아니었다. 다만 에어비앤비 숙소 문 앞에 상세한 분리배출 방법 안내문과 "분리배출 규정을 지키지 않을 경우 25~5만 유로의 벌금이 부과될 수 있다"라는 무시무시한 경고문이 붙고, 플라스틱 사용을 법으로 엄격하게 규제하고 있으며, 플라스틱을 지정 장소에 반환할 경우 상당한 인센티브를 주는 식으로 사회 시스템이 작동하고 있었다.

기후위기의 심각성이 날로 커지는 요즘 환경문제를 개인의 선의와 양심에 맡겨두는 것은 너무 안일한 생각이다. 과거 쓰레기종량제 시행 사례에서 볼 수 있듯, 플라스틱 사용을 비롯한 환경문제는 정부 차원에서 강력하게 규제되어야 한다. 초기에 혼선과 불만이 있더라도 명확한 규칙을 바탕으로 체계가 잡힌다면 시민들도 달라진 규칙에 점차 적응할 것이다.

미래세대를 위한
환경교육

관광觀光은 한자 그대로 풀이하면 '빛光을 본다觀'는 뜻이다. 이 얼마나 낭만적이고 아름다운 표현인가. 이처럼 여행이란 본질적으로 일상의 공간에서 벗어나 낯선 장소에서 새롭고 반짝이는 것들을 보고 듣고 경험하는 과정이다. 그러나 어떤 여행은 빛이 아니라 '어둠'을 따라간다. 이런 여행을 '다크 투어Dark Tourism'라고 한다.

다크 투어는 전쟁이나 학살이 일어난 비극적인 역사 현장 또는 큰 재난을 당한 곳을 돌아보며 교훈을 얻기 위해 떠나는 여행이다. 폴란드 아우슈비츠 수용소, 난징대학살기념관, 제주4·3평화공원처럼 본격적인 다크 투어를 위한 장소도 있지만, 장소를 해석하는 관점에 따라 다크 투어를 경험할 수도 있다. 이를테면 경복궁은 일반적으로 건축이나 역사를 돌아보는 여행지로 여겨지지만 명성황후 시해 장소로 알려진 경복궁의 건청궁은 다크 투어 현장이 될 수도 있다는 말이다.

지속 가능한 여행의 길을 찾아서

프라이부르크는 기후위기와 환경문제를 테마로 여행하기 좋은 곳이기도 하지만, 다크 투어 관점에서도 눈여겨볼 장소가 많다. 곳곳에서 제2차 세계대전의 흔적을 찾아볼 수 있기 때문이다.

우리가 역사를 배우는 이유는 과거의 잘못을 반복하지 않기 위해서다. 다크 투어라고 하면 다소 어둡고 무겁게 느껴지기도 하겠지만 프라이부르크에는 희망의 증거가 많이 남아 있다. 이 도시가 참혹한 전쟁의 상처를 딛고 일어나 평화와 공존의 도시로 우뚝 서기까지의 여정을 따라가다 보면, 우리가 직면한 기후위기 문제 해결의 실마리를 찾을 수 있을지도 모른다.

끝나지 않은
전쟁

제2차 세계대전은 인류 역사상 가장 큰 인명 피해를 남긴 전쟁이다. 전쟁으로 인한 직간접적 사망자 수는 약 7500만 명으로 추산되는데, 이는 당시 전 세계 인구의 약 3.5퍼센트에 달하는 수치다.[21] 전쟁에 동원되는 항공기와 선박의 수요가 폭발적으로 증가하면서 석유 소비량이 전 세계적으로 급증했고 막대한 양의 무기와 탄약, 종국에는 원자폭탄까지 투입되었으니 환경 측면에서도 엄청난 재앙이었음이 틀림없다.

심화편

지난 2012년 프랑스 연구팀이 알프스 몽블랑 인근에서 빙하를 시추해 연대별로 분석했더니 1930~1940년대에 쌓인 부분에서 금속인 비스무트Bi 성분이 높게 측정되었다. 어디 그뿐인가. 전쟁 기간 동안 수천 척의 전투함이 생산되었고 해상에서도 격렬한 전투가 벌어졌다. 이러한 전쟁의 흔적은 오늘날까지 바다에 고스란히 남아 환경오염을 일으킨다. 2022년 벨기에 겐트 대학 연구팀이 제2차 세계대전 당시 북해에 침몰한 나치 군함을 조사한 결과에 따르면, 이 군함에서는 지금도 폭약과 중금속 등 오염물질이 배출되어 주변 해양생태계를 위협하고 있다(세계대전을 치르며 전 세계에서 난파된 선박에는 총 250만~2040만 톤의 석유제품이 실려 있는 것으로 추정되며, 침몰한 선박에 실린 탄약만 해도 160만 톤에 이른다).[22]

무기 생산과 화석연료 소비 결과로 배출된 탄소가 200년 이상 대기에 머물 것을 생각해 보면 전쟁은 이미 80여 년 전에 끝났지만 땅과 바다 그리고 하늘에서는 여전히 소리 없는 전투가 진행 중이다.

그러나 인류는 전쟁의 아픈 역사에서 아무 교훈도 얻지 못한 듯하다. 제2차 세계대전 이후 우리는 역사상 유례없는 '긴 평화'의 시기를 맞이했지만 2022년 2월 러시아의 우크라이나 침공을 시작으로 이 평화에도 균열이 가고 있는 듯 보인다. 유럽을 여행하는 동안 우리는 곳곳에서 우크라이나를 응원하는 현수막과 포스터를 보았다. 전쟁의 발자국은 분쟁지역에 국한되지 않고 전 세계로 길게 이어지는 법이니, 아마도 인간이 달에 남긴 최초의 발자국처럼 오래도록 남지 않을까.

지속 가능한 여행의 길을 찾아서

기후 피해의 '청구서'에 비용을 지불해야 할 책임은 전쟁 당사국에만 있는 것이 아니다. 기후위기 문제에 있어 인류는 운명 공동체이기 때문이다. 특히 방산 수주액으로 미국에 이어 전 세계 2위를 차지하고 있는 '방산 선진국' 한국은 기후 재난의 책임에서 결코 자유롭지 않다. 지금 이 순간에도 청구서의 금액이 눈덩이처럼 불어나고 있다. 평화를 위한 국제사회의 관심과 연대가 필요한 이유다.

전쟁과
평화

중학생 시절 수업 시간에 《반딧불이의 묘》를 보고 나서 마음이 복잡했던 기억이 난다. 《반딧불이의 묘》는 제2차 세계대전이 끝나갈 무렵, 연합군의 고베 대공습으로 전쟁고아가 된 어린 남매의 이야기를 다룬 일본 애니메이션이다. 이 작품은 전범국이 피해자 코스프레를 한다는 비판을 받고 꽤 오랫동안 국내에서 자취를 감췄다. 전쟁으로 인한 일반 국민 특히 아이들의 희생을 어떻게 봐야 할까. 프라이부르크에서 공습 희생자의 흔적을 마주하며 나는 다시 한번 생각이 많아졌다.

제2차 세계대전 당시 연합군은 도시의 군사적 잠재력을 파괴하고 국민들의 사기를 꺾기 위한 목적으로 독일 주요 도시에 폭격을 강행했다. 당시 공습 대상이 된 마을 94곳에는 특이하게도 물고기 이름으로 된 공습 코드명이 부여되었는데, 프라이부르크의 코드명은 바로 '타이거피시 작전Operation Tigerfish'이었다(코드명을 결정한 공습 작전의 부사령관이 열렬한 낚시 애호가였다는 뒷이야기가 있다).

타이거피시는 아프리카 콩고강에 서식하는 대형 민물고기로, 날카로운 이빨로 물고기뿐 아니라 새까지 잡아먹는 공격성으로 유명한 어종이다. 당시 프라이부르크에는 물고기 이름처럼 공격적인 형태의 융단폭격이 퍼부어졌다. 1944년 11월 27일 저녁에 발생한 대공습으로 인해 프라이부르크 인구의 12.4퍼센트가량이 폭격으로 사망하거나 부상당했고, 수많은 가옥이 파괴되거나 심하게 손상되었다.

프라이부르크 시내에는 당시 공습의 흔적이 여기저기 남아 있었다. 나는 아이들과 함께 천천히 시내를 둘러보기로 했다. 먼저 프라이부르크 대성당을 찾았다. 성당 안에는 공습 직후의 프라이부르크 도심 사진이 걸려 있었는데 폭격으로 초토화된 도심 한가운데에 대성당만 굳건히 서 있는 모습이었다. 무차별 폭격이 가해진 도심 중심부에서 어떻게 미사일을 피한 것일까? 한국으로 돌아가기 전날 방문한 프랑크푸르트 대성당 역시 대공습으로 폐허가 된 자리에 홀로 건재했던 것을 보면 경이로움을 넘어 신성한 느낌마저 든다. 아이들도 사진들이 퍽 인상적이었는지 여행 신문에 만화로 그려두었다.

성당을 나와 10분 정도 걸으니 두 번째 목적지 도시공원에 이르렀다.

지속 가능한 여행의 길을 찾아서

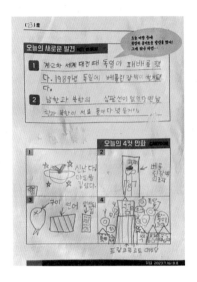

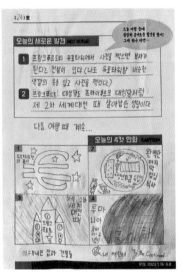

이 공원에는 1953년 세워진 수오리 동상이 하나 있는데, 여기에도 재미있는 이야기가 얽혀 있다. 1944년 공습 당시 사이렌이 울리기 훨씬 전부터 공원의 수오리가 갑자기 날개를 퍼덕이며 요란하게 우는 바람에 이를 이상하게 여긴 많은 시민들이 지하실로 대피해 목숨을 건졌다고 한다. 동물들이 지진 발생이나 화산 폭발 등의 자연재해를 미리 감지하고 대피한다는 이야기를 종종 듣는데 오리도 멀리서 위험을 감지했던 듯하다. 이 오리는 프라이부르크 정부가 발행한 공습 50주년 기념주화에도 등장할 만큼 유명 인사가 되었다.

성당에서 나온 우리는 프라이부르크 공원묘지를 방문했다. 이곳에

심화편

는 공습 희생자 1664명을 안치한 묘가 남아 있다. 사실 묘지라기보다는 평평한 잔디밭 같은 공간이라 주의 깊게 보지 않으면 그냥 지나칠 수도 있는 곳이다. 우리는 이곳에서 공습 희생자들을 향해 잠시 묵념하고는 어느 날 갑자기 전쟁이 나면 어떤 일이 벌어질지 이야기를 나눴다. 전쟁으로 인한 일반 시민들의 희생에 대해서도. 언젠가는 아이들과 《반딧불이의 묘》를 같이 보며 다시 이날을 떠올릴 것이다.

이토록 아름다운 도시가 끔찍한 전쟁의 상흔을 딛고 재건되었다는 사실은 다소 생경하게 느껴진다. 많은 시련을 겪어도 사람은 결국 다시 시작할 수 있는 존재라는 생각이 들어 작은 희망을 품게 되기도 한다. 그러나 애석하게도 우리는 망각의 동물인 탓에 과거의 잘못을 너무나 쉽게 잊고 반복하며 살아간다. 변화를 위한 결심과 실천이 작심삼일로 끝나지 않으려면 우리에게는 조금 더 특별한 장치가 필요하다. 이를테면 프라이부르크 곳곳에서 볼 수 있는 '슈톨퍼슈타인Stolpersteine'처럼.

프라이부르크 대성당Freiburger Münster

도시공원Stadtgarten Freiburg

프라이부르크 공원묘지Hauptfriedhof Freiburg

지속 가능한 여행의 길을 찾아서

반성할 용기
슈톨퍼슈타인

"누나, 여기 또 슈톨퍼슈타인이 있어!"

둘째 아이의 독일 여행 버킷 리스트 중 하나는 '슈톨퍼슈타인 걸림돌에서 넘어져 보기'다. 여행 준비 과정에서 제2차 세계대전과 유대인 학살 내용이 담긴 그림책과 영상이 인상적이었던 모양이다.

프라이부르크 구도심을 걷다 보면 보도블록 사이로 네 귀퉁이가 둥근 정사각형 모양의 황동판을 자주 볼 수 있는데, 이것이 바로 슈톨퍼슈타인이다. 슈톨퍼슈타인은 한국어로 번역하면 '걸림돌' 정도의 뜻이 된다. 그렇지만 걷다가 걸려 넘어질 정도로 튀어나온 장애물은 아니고, 보도블록보다 약간 높이가 있는 형태로 길에 박혀 있다. 누가 어떤 이유로 이 구조물을 설치한 걸까?

제2차 세계대전은 인류 역사상 유례를 찾기 어려울 만큼 인간의 존엄성이 위협을 받던 시기였다. 그중 가장 손꼽히는 일이 나치 독일 시기의 유대인 대학살, 일명 '홀로코스트'다. 당시 유럽에 거주하고 있던 유대인 약 572만 명이 홀로코스트로 목숨을 잃었다고 추산되며, 이는 당시 유럽 내 유대인 총인구의 58퍼센트에 달하는 어마어마한 수치다.

유대인들은 대개 가스실로 보내진 뒤 화장터에서 소각 처리되거나 총살당하고, 굶주림과 노역으로 질병을 얻어 수용소에서 사망하는 등 참혹한 죽음을 맞이했다.[23] 살아 있는 사람들만 고통받은 것

심화편

이 아니다. 나치는 독일 전역의 유대인 공동묘지를 파괴하고 비석을 도로포장용 돌로 사용했다. 망자의 이름이 새겨진 비석을 도로에 깔아 사람들이 짓밟고 다니게 하려는 의도였다.[24]

1992년 독일 예술가 귄터 뎀니히는 홀로코스트 희생자를 추모하기 위해 그들의 마지막 거주지 앞 도로에 희생자의 생애 정보가 담긴 작은 황동판을 설치하기 시작했다. 그는 과거 시민들이 일상적으로 밟고 다니던 보도블록에 유대인 묘비가 사용되었던 것처럼 사람들의 일상적 공간에 잘못된 역사와 희생자를 기억하는 기념물이 필요하다고 생각했다.

이는 일종의 공공미술 프로젝트로, 뜻을 함께하는 시민들의 참여로 이루어진다. 개당 120유로 남짓 드는 제작 비용은 전액 시민들의 기부금으로 충당하며, 설치 전 지역 당국에 허가를 요청하고 희생자 가족에게 허락을 구하는 일 역시 시민들의 몫이라고 한다 (2023년 말 기준 유럽 전역에서 10만 개가 넘는 슈톨퍼슈타인을 볼 수 있다).[25]

홀로코스트 희생자인 정신과 의사 빅터 프랭클이 저서 《죽음의 수용소에서》에서 회고한 것처럼, 강제수용소에서 유대인들은 개개인의 이름과 기억이 지워지고 죄수 번호로 취급되었다. 뎀니히는 이를 뒤집어 슈톨퍼슈타인을 통해 희생자 한 사람 한 사람의 이름과 생애를 추적한다. 슈톨퍼슈타인 하나에 누군가의 일생이 담겨 있는 까닭에, 황동판에 새겨진 문구를 하나씩 읽다 보면 어느새 그 자리에 사람이 한 명씩 서 있는 것 같은 묘한 느낌이 든다. 보통은 한 공간에 가족 단위로 여러 개가 설치된 경우가 많아서 한 가족의

지속 가능한 여행의 길을 찾아서

비극적인 모습이 그려져 숙연해지기도 한다. 우리가 프라이부르크 구도심에서 마주친, 어느 부부의 것으로 추정되는 슈톨퍼슈타인은 다음과 같은 내용을 담고 있었다.

HIER WOHNTE	여기에
OTTO MAYER	오토 메이어가 살았다
JG.1884	1884년 출생했으며
DEPORTIERT 1938	1938년 추방당하여
KZ DACHAU	KZ 다하우 수용소로 보내졌다
1940 GURS	1940년 귀르스 수용소로
ERMORDET IN	이감되었고 아우슈비츠에서
AUSCHWITZ	사망했다

HIER WOHNTE	여기에
MARTHA MAYER	마사 메이어가 살았다
JG.1882	1882년 출생했으며
DEPORTIERT	1940년 추방당하여
1940 GURS	귀르스 수용소로 보내졌고
ERMORDET IN	아우슈비츠에서
AUSCHWITZ	사망했다

독일 전역에 있는 슈톨퍼슈타인은 독일인들이 과거를 반성하고 잘

못을 되풀이하지 않도록 경각심을 불러일으키는 장치라고 볼 수 있다. 그에 대한 방증으로 2015년 유럽 난민 사태 당시 독일은 유럽 어느 나라보다 적극적으로 난민을 수용했고 프라이부르크는 가장 선도적인 움직임을 보인 도시 중 하나였다.

지속 가능한 여행의 길을 찾아서

독일 프라이부르크에 장기 거주하며 환경과 난민 문제에 꾸준히 목소리를 내온 하리타 활동가는 "마을이 난민을 구한다"라는 말로 프라이부르크의 난민 정책을 총평했는데,[26] 실제로 프라이부르크 시내에서 히잡을 쓴 아랍계 이민자를 흔히 마주칠 수 있었다.

교육이
미래를 바꾼다

　　이처럼 한때는 역사상 가장 잔혹한 학살과 인종차별을 주도했던 독일의 후손들이 지금은 인권과 난민 문제에 가장 앞장서고 있다. 이는 독일의 과거사 청산 및 철저한 역사교육과 무관하지 않다. 그런 의미에서 기후위기 문제 해결의 열쇠 역시 미래세대에 대한 환경교육에서 찾을 수 있지 않을까?

평소 독일의 사례를 바탕으로 사회문제에 목소리를 내온 독문학자 김누리 교수는 한 방송에서 중요한 점을 지적했다. 독일에는 있고 한국에는 없는 세 가지 교육으로 성교육, 정치교육, 생태교육을 꼽은 것이다. 성교육은 자기 자신과의 관계를 정립하는 교육, 정치교육은 타인과의 관계를 정립하는 교육, 생태교육은 자연과의 관계를 정립하는 교육이라는 측면에서 그는 독일 교육을 '세상을 배우는 교육'으로 정의했다.

바야흐로 기후위기의 시대다. 우리 아이들은 기후위기의 최대 피해자가 될 가능성이 높고, 성인이 되면 필연적으로 어떤 식으로든 환경과 관련된 일을 하며 살아갈 것이다. 기후위기는 미래의 식량, 에너지, 안보를 비롯해 생활의 거의 모든 면에 영향을 미칠 것이기 때문이다. 그런데 우리나라 교육 과정에서는 환경교육이 등한시되고 있다.

우리 아이들이 다니는 초등학교에서도 생태환경 교육은 정규수업 과목에 속하지 않고 비정기적으로 진행된다. 다행스러운 점은 2023년 3월부터 초중등학교 환경교육이 의무화되었다는 것이고, 안타까운 점은 일선 학교에서 환경교육을 전담하는 교사가 49명, 그중 정교사는 26명에 지나지 않는다는 사실이다(2022년 기준). 생태학자 최재천 교수의 표현대로 환경 교사는 '멸종위기종' 상태에 놓여 있다.

기후위기를 넘어 '기후 재난' 시대를 살아갈 미래세대에게 환경교육은 꼭 필요하다. 다만 우리 아이들을 대상으로 한 환경교육은 북극곰의 집이 사라진다거나 투발루가 물에 잠긴다는 것과 같은, 우리 일상과 동떨어져 보이는 먼 나라 이야기로 진행되지 않았으면 좋겠다. 기후위기는 식수를 구하기 위해 물웅덩이까지 세 시간을 걸어가다 기린 오줌으로 열을 식히는 아프리카에만 있는 문제가 아니다. 주요 식수원인 동복댐 고갈 문제로 제한 급수가 임박한 광주광역시에도 있고, 2070년에는 우리의 식탁에서 영원히 사라질지도 모르는 사과에도 있다.

지속 가능한 여행의 길을 찾아서

기후 문제를 다루는 뉴스나 책을 볼 때마다 마음이 심란하다가도, 평온한 일상을 살다 보면 내 현실과 맞닿아 있는 문제라는 게 실감 나지 않는다. 그런 의미에서 어쩌면 환경문제에도 슈톨퍼슈타인이 필요한지도 모르겠다. 이를테면 2019년 아이슬란드 오크 빙하 앞에 세워진 추모비 같은 것 말이다.

오크 빙하는 아이슬란드 수도인 레이캬비크 북동쪽의 오크 화산을 약 700년간 덮고 있던 거대 빙하인데, 지구온난화로 서서히 크기가 줄어들다가 2014년 빙하 연구자들로부터 공식적으로 '죽은 빙하'로 판정받았다. 이에 아이슬란드 총리와 환경부 장관, 기후 전문가 등 100여 명이 모여 일종의 환경 퍼포먼스로 '빙하 장례식'을 열고, 빙하가 있던 자리에 '미래로 보내는 편지'라는 이름의 추모비를 세웠다. 앞으로 200년 이내에 다른 빙하들도 같은 운명에 놓일 것이며, 빙하의 '죽음'을 막기 위해 우리가 무엇을 해야 하는지 인식하고 노력하겠다는 일종의 다짐을 새긴 비석이다.

암울한 미래를 상상해 본다. 흔한 새인 박새와 직박구리가 보이지 않는 하늘, 산호와 물고기가 사라진 바다, 마지막 구상나무가 있던 자리에 세워진 추모비. 무덤이 되어버린 지구에서 우리 인간만 생존하는 것이 가능할까.

환경문제를 고민하다 보면 끝없는 무력감을 느끼게 되는 순간이 있다. 나 한 사람의 노력으로 무엇이 얼마나 바뀔 수 있을까? 내가 아무리 열심히 분리배출하고 제로 웨이스트 제품을 쓰고 비행기 타는 횟수를 줄여도, 지금 이 순간 어느 공장에서는 값싼 플라스틱

심화편

제품이 쌓여가고 있다. 이런 회의가 들 때마다 나는 종종 '부모의 힘'에 대해 생각해 본다. 가정은 작은 사회 아닌가. 부모는 아이들에게 세상을 살아가는 데 필요한 지혜를 전수하고 더 나은 세상을 만들어가는 역할을 해야 한다. 그런 점에서 요즘 시대에 아이들에게 가장 필요한 교육은 수학이나 영어 학습이 아닐 수도 있다. 아무리 수학 문제를 잘 풀고 영어를 원어민 수준으로 구사해도 무덤이 된 지구에서 행복하게 살아갈 수는 없을 테니 말이다.

어제 우리 집 저녁 메뉴는 항정살 가지볶음이었다. 우리 부부는 집 근처 마트에 반찬통을 챙겨 가서 고기를 담고, 랩으로 포장된 가지 밑에 깔린 스트로폼 접시를 꺼내 마트 직원에게 반납했다. 아이들은 이 모습을 옆에서 지켜보았다.

늘 그렇듯 아이들은 환경문제에 대해서도 부모의 말보다는 행동을 보고 배운다. 환경 감수성과 새로운 삶의 방식을 장착한 다음 세대는 조금씩 분명하게 미래를 바꿔나갈 것이다.

지속 가능한 여행의 길을 찾아서

책으로 먼저 떠나는
여행

여행의 교육적 효과를 극대화하기 위해서는 여행의 첫 단계인 '예습'에 각별히 신경 써야 한다. 심화편에 소개한 유럽 여행을 앞두고 우리는 3개월간 100여 권의 책을 읽고 많은 대화를 나누며 여행을 준비했다. 본편에 다 담지 못한 책과 버킷 리스트 이야기를 따라가다 보면 아이와 함께 알찬 여행을 계획하는 방법에 대해 감을 잡을 수 있을 것이다.

대학교 3학년 때 친구들과 함께 이탈리아로 3주간 배낭여행을 간 적이 있다. 설레는 마음을 안고 출발했으나 초반부터 우리는 조금씩 삐걱거렸다. 서로의 예산 상황도, 관심 분야도, 선호하는 여행 방식도 다른 네 명이 함께였으니 갈등이 없다면 오히려 이상한 일인지도 모르겠다. 여행 중반부터 우리는 숙소는 공유하되 '따로 또 같이' 행동하기로 합의했다.

가족 여행을 갈 때도 종종 가고 싶은 곳, 먹고 싶은 음식 등을 두고 다툼이 발생한다. 특히 우리 집 두 어린이는 여러 면에서 다른 취향을 가지고 있어서 자주 부딪친다. 그래서 우리는 여행 중 꼭 경험하고 싶은 것들을 나라별로 추린 각자의 버킷 리스트를 만들어보기로 했다.

그렇게 매일 저녁 함께 책을 읽고 이야기를 나누는 사이, 아이들은 자연스럽게 이번 여행지에 대한 배경지식을 쌓았고 계획을 구상해 나갔다. 그사이 나는 다양한 주제의 책을 탐독하며 아이들에게 꼭 알려주고 싶은 이야기를 나라별로 수집하고 주제에 맞는 책과 영상을 골랐다. 당시 초등학교 2학년, 4학년이었던 두 아이의 관심사와 인지 수준을 고려해 적절한 콘텐츠를 고르는 작업은 만만치 않았으나 한편으로는 설레는 과정이었다.

이번 여행에서 나의 버킷 리스트는 서유럽 사람들이 일상에서 어떤 형태로 환경보호를 실천하고 있는지 알아보는 것이었다. 앞서 나온 유럽의 제로 웨이스트 상점이나 마르쉐, 패시브하우스 방문과 같은 활동 말이다. 가고 싶은 장소를 구글 맵에 검색해 저장하고 여기에 아이들이 원하는 장소까지 더하니 우리 가족만의 여행 일정이 완성되었다.

아이들의 버킷 리스트에는 여행에 대한 설렘과 함께 각자의 취향과 관심사가 한껏 묻어난다. 우리의 여행은 대체로 매우 신나고 즐거운 모험의 연속이었다. 기후위기라는 다소 무거운 주제를 안고 떠났지만, 여행 자체는 너무 심각하거나 진지하게 흘러가지 않도록 균형을 잡기도 했다. 여행이란 본디 즐거워야 하는 법, 아이들은 놀면서 배운다.

● 아이들의 유럽 여행 버킷 리스트

	국가명	버킷 리스트
딸	프랑스	① 호기심 박물관*에서 박제한 동물 보기 ② 퐁피두센터 관람하기 ③ 뤼 뒤 샤 키 페슈**(낚시하는 고양이의 거리) 걸어보기
	스위스	① 숙소 앞 브리엔츠 호수에서 수영하기 ② 융프라우에서 소나 양 보기 ③ 융프라우 전망대에서 풍경을 감상하기
	독일	① 슈바르츠발트에서 동물과 식물 관찰하기 ② 숲 놀이터에서 놀아보기 ③ 차 없는 거리 걸어보기
아들	프랑스	① 하수구 박물관에서 쥐 보기 ② 달팽이 먹어보기 ③ 파리동물원에서 아노아(작은 물소) 보기
	스위스	① 산악열차 타고 융프라우 오르기 ② 세인트버나드 만나기 ③ 스위스에서 퐁뒤 먹기
	독일	① 슈톨퍼슈타인 걸림돌에서 넘어져 보기 ② 부어스트와 학세 먹기 ③ 베힐레 수로에 배 띄워보기

* 사냥과 자연 박물관Musée de la Chasse et de la Nature

** Rue du Chat qui Pêche(폭 1.8미터로 파리에서 가장 좁은 거리)

책으로 먼저 떠나는 여행

이야기 속 주인공을 찾아 떠난 프랑스

오래전부터 전 세계 창작자들의 사랑을 받아온 프랑스에는 특히 파리를 배경으로 한 콘텐츠가 셀 수 없이 많다. 그뿐만 아니라, 프랑스 대혁명을 비롯한 굵직한 역사적 사건도 아이 수준에서 풀어낸 좋은 책을 쉽게 찾을 수 있고, 예술과 건축 분야에서도 읽어볼 만한 책이 적지 않다. 그중에서도 그림책의 존재감은 단연 돋보인다. 그래서 파리에서는 좋아하는 그림책의 배경을 따라가 보기로 했다.

파리 그림책 투어에서 가장 추천하고 싶은 책은 루드비히 베멀먼즈의 명작 '마들린느' 시리즈다. "여기는 프랑스 파리입니다"라는 말로 시작하는 이 책은 파리의 한 기숙사에 사는 열두 아이의 일상을 잔잔하게 다룬다. 아이들은 맑은 날이나 궂은 날이나 아홉 시 반이 되면 두 줄로 나란히 산책을 나가는데, 파리의 주요 명소를 두루 돌아다닌다. 이를테면 《마들린느와 쥬네비브》에서 마들린느가 장난을 치다 미끄러져 떨어진 곳은 퐁뇌프 다리, 길 잃은 개 쥬네비브를 찾는 장면에 나오는 쇼팽과 오스카 와일드의 비석이 있는 배경은 파리 20구에 위치한 페르 라셰즈 묘지다. 어린이를 위한 파리 가이드북이라 해도 과언이 아닐 정도다. 유치원 아이들과도 같이 읽기 좋을 만큼 글자 수가 적어 아동 도서로 생각할 수 있지만, 단순한 선과 색으로 그려낸 파리가 무척이나 정감 있고 아름다워서 어른들도 좋아할 만한 책이다.

우리는 《마들린느와 쥬네비브》 속 풍경을 따라 이동하며 파리를 즐겼다. 마고 카페에 앉아 헤밍웨이가 즐겨 먹던 스타일의 아침 메뉴를 먹으며 가족들에게 보낼 엽서를 썼고, 페르 라셰즈 묘지에서는 쇼팽의 무덤을 찾아 스마트

폰으로 쇼팽의 왈츠를 검색해 듣기도 했다. 여행에서 돌아온 지금도 '마들린 느' 시리즈를 보면 그해 여름으로 돌아간 것 같은 기분이 든다.

'주니어 론리플래닛' 시리즈는 도시의 역사와 문화예술 등 다방면의 흥미로운 이야깃거리를 담고 있어 어린이용 여행 입문서로 손색이 없다. 아이들의 버킷 리스트 중 호기심 박물관, 낚시하는 고양이의 거리, 하수구 박물관, 파리동물원은 모두 이 책에 소개된 곳이다. 앞서 소개한 '월리스의 분수'도 이 책을 통해 처음 알았다. 혼자 여행한다면 가지 않았을 장소를 아이들 덕분에 많이 알게 되었고, 이렇게 다녀온 곳들은 소중한 추억이 되었다.

> 뤼 뒤 샤키 페슈(파리에서 가장 좁은 골목인 낚시하는 고양이의 거리)의 폭(1.8 미터)이 항상 일정하지는 않다는 사실을 알았다.
>
> 2023.7.18. 〈오늘의 새로운 발견〉, 딸

> 오늘은 하수도박물관에 갔다. 처음에는 냄새가 안 났다. 근데 안에 들어가 보니 막 냄새도 나고 오물 폭탄도 있고 똥도 떠다녔다. 근데 갑자기 우리가 쥐를 봤다. 내 버킷 리스트를 달성했다.
>
> 2023.7.21. 〈오늘의 뉴스〉, 아들

학령기 아이와 함께 프랑스 여행을 계획한다면 좀 더 다양한 분야에 욕심을 내볼 만하다. 파리는 오랫동안 유럽의 정치·문화·예술·경제의 중심지이자 근대 민주주의의 시초로 평가받는 프랑스 대혁명의 주요 무대였기 때문이다. 내가 초등학생이었던 1993년, KBS에서 방영한 〈베르사유의 장미〉는 애니메이션으로는 드물게 최고 시청률을 기록한 화제작이었다. 당시 나는 이 만화에 푹 빠져서 만화책 전권을 소장했고, 중고등학교 시절 세계사 시간에 프랑스 대혁명 이야기가 나오면 졸다가도 눈을 번쩍 떴던 기억이 있다. 그래서 아이들에게도 〈베르사유의 장미〉를 '영업'해 보려고 노력했는데, 안타깝게도 취향 차이를 극복하지 못했다.

파리에는 루브르박물관, 오르세미술관, 퐁피두센터 등 세계적으로 손꼽히는 박물관과 미술관이 즐비하다. 나중에 아이들이 미술·사회 교과에서 만나게 될 수많은 작품을 실물로 볼 수 있는 흔치 않은 기회지만, 평소 미술관 방문을 즐기지 않는 아이라면 실패할 확률이 큰 일정이기도 하다(슬프게도 경험담이다). 우리 집 남매처럼 미술품 감상에는 영 흥미가 없는 아이들을 위한 활동을 소개한다.

먼저 주요 작품과 관련된 그림책을 읽어보게 하자.《진짜 모나리자를 찾아라!》는 실제 있었던 '모나리자 도난 사건'을 재미있게 풀어낸 그림책으로, 아이들의 호기심을 끌어내기 좋다. 프랑스와 직접적인 관련이 있는 것은 아니지만 유럽의 많은 문화유적과 예술품이 신화, 종교와 연결되어 있기 때문에 《그리스 로마 신화》와 예수 위인전 등 기독교 관련 서적을 몇 권 읽고 가는 것도 도움이 된다.

미술관에서 '나만의 보물 세 가지'를 찾아보는 활동도 흥미롭다. 직접 찾은 보물의 이름과 보물로 선택한 이유를 적어야 하기 때문에 아이들도 최소한 세 가지 작품은 집중해서 관찰해야 한다. 아이들이 보물찾기에 열중하는 동안 부모는 부모대로 보고 싶은 작품을 집중해서 감상할 수 있다.

'마이리얼트립' 등 여행 플랫폼에서 제공하는 현지 한국인 가이드의 도슨트 투어 프로그램에 참여하는 것도 좋다. 우리 가족은 파리 여행 중 반나절 동안 루브르박물관의 어린이 가이드 투어에 참여했다. 아이들 눈높이에 맞춰 주요 작품에 대한 해설을 들을 수 있고, 소규모 그룹으로 참여형 수업이 진행되어 좋았다. 아이들은 '밀로의 비너스'를 감상한 다음 종이에 비너스의 팔을 상상해서 그려보고, 그림을 그린 이유를 발표하는 미션을 받았다. 당시 초등학교 2학년이었던 아들은 손에 조개를 든 비너스 그림을 들고 "비너스는 바다 거품과 함께 조개 위에서 태어나서 조개를 그렸어요"라고 설명했는데, 잠자리에서 읽은 《그리스 로마 신화》 속 비너스의 탄생 일화를 떠올린 것이다.

이처럼, 혼자 작품을 감상하는 데 흥미를 못 느끼던 아이들도 투어에 참여하고 그림을 그리다 보면 각자 책을 읽은 경험도 녹여내면서 새로운 방향의 즐거움을 느끼게 되므로 투어는 적극 추천한다.

● **여행 전 함께 보면 좋은 책 & 영상**

	도서명	저자	출판사
파리 배경 그림책	마들린느 시리즈	루드비히 베멀먼즈	시공주니어
	파리의 작은 인어	루시아노 로사노	블루밍제이
	파리에 간 사자	베아트리체 알레마냐	웅진북클럽
	파리에 간 빨간 구두 루비	케이트 냅	고래가 숨쉬는 도서관
	에펠탑의 여행	미미 두아네	삼성출판사
	예술의 도시, 파리	에릭 바튀	빨간콩

　책으로 먼저 떠나는 여행

베르사유의 장미
TV판, 한국어 자막

파리에서 꼭 봐야 할 현대건축 TOP5
유튜브 〈셜록현준〉

번외편

대자연 속으로 풍덩, 스위스

스위스 하면 가장 먼저 떠오르는 콘텐츠는 단연 《알프스의 소녀 하이디》다. 그러나 이 작품의 완역판은 500페이지에 달하는 벽돌 책이고, 초등학생을 위한 세계명작 시리즈도 100페이지를 훌쩍 뛰어넘는다. 저학년 이하 아이들에게는 그레이트북스에서 나온 《알프스의 소녀 하이디》를 추천한다. 이 책은 글밥이 적지만 이야기의 큰 흐름은 모두 담고 있다. 다만, 클라라가 사는 도시가 독일 프랑크푸르트인 점 등의 디테일은 빠져 있어서 부모가 좀 더 많은 내용이 담긴 책을 먼저 읽고 부연 설명을 해주면 좋다. 나는 월북에서 나온 《하이디》를 읽어보았는데, 다섯 살 소녀 하이디가 아침으로 딱딱한 빵과 함께 연하게 내린 커피를 마시는 모습이 인상적이어서 아이들에게 말해주었더니 아주 재미있어했다.

《하이디》는 스위스가 가난한 나라였던 시절을 배경으로 하지만 오늘날 스위스는 손꼽히는 부자 나라다. 하이디가 알프스에서 먹던 빵은 왜 딱딱했을까? 가난했던 스위스가 어떻게 부유한 나라가 되었을까? 아이들과 꼬리에 꼬리를 물고 이야기를 나누다 보면 스위스를 더 깊이 알게 된다.

아들의 스위스 버킷 리스트 중 하나는 '퐁뒤 먹기'였다. 스위스의 대표적 음식인 퐁뒤는 춥고 긴 겨울 동안 신선한 식재료를 구하기 어려웠던 스위스 사람들이 여름에 만들어둔 치즈와 딱딱한 빵을 먹을 만한 방법을 고민하다 탄생한 음식이다. 가난 탓에 조리 도구조차 충분하지 않아서 마을 사람들이 불 주변에 모여 나눠 먹던 풍습이 이어져 지금도 여럿이 모여 함께 먹는 음식이라고 한다. 우리는 스위스 여행 마지막 날이 되어서야 인터라켄 서역 근처 식당에서 퐁뒤를 맛보았는데, 그날 아이가 작성한 여행 신문을 읽으면 눅진한 치즈 향이 훅 느껴지는 것 같다.

> "오늘은 퐁뒤를 먹었다. 옛날 스위스가 가난했을 때 딱딱한 빵을 맛있게 찍어 먹은 그 퐁뒤다. 엄청 맛있었다. 고소하고 짭짤하고 최고의 맛이었다. 나의 버 킷 리스트를 달성했다. ExcelleNt!로 재밌었다."
>
> 2023.7.30. 〈오늘의 뉴스〉, 아들

알프스가 배경인 또 다른 작품 《까만 아기 양》에는 알프스의 산 중턱에 사는 양치기 할아버지와 양치기 개 폴로, 그리고 엉뚱한 생각 하기를 좋아하는 까 만 아기 양이 등장한다. 이 책은 '다름'에 대한 편견을 버리고 더불어 사는 사 회의 소중함을 이야기하는 교훈적인 내용을 담고 있지만, 스위스 여행을 앞두 고 알프스의 풍경을 상상해 보는 데도 도움이 된다. 눈처럼 새하얀 털을 가진 양떼, 끝없이 펼쳐진 푸른 들판과 맑은 호수, 알프스의 변덕스러운 날씨까지. 융프라우의 날씨는 예측하기 어려워서 매일 아침 날씨부터 확인하고 하루 일 정을 정했다. 사실 파리에 있을 때부터 매일 융프라우 날씨를 체크했는데, 방 문 일정 중 맑은 날이 단 하루도 없었다. 3박 4일의 짧은 여정이라 그 멀리까 지 가서 융프라우요흐를 보지 못할 수도 있다는 생각을 하니 걱정이 앞섰다. 아이들의 스위스 버킷 리스트 중 무려 절반이 융프라우 등반과 이어져 있었 기 때문이다. 그래도 여행 중 흐리다가도 햇살이 쨍한 순간들이 있었고, 우리 는 무사히 산악열차로 융프라우요흐에 올라 풍경을 감상하고 한가로이 풀을 뜯는 소 떼도 만났다. 아이는 그날 하루를 이렇게 기억한다.

"오늘은 오전에 작은 호수 주변에서 소를 봤다. 목에 걸린 방울에서 짤랑짤랑 소리가 났는데, 그 소리가 너무 예뻤다. 그리고 오후에는 융프라우 전망대에서 풍경을 감상했는데, 안개가 생겼다가 없어지는 게 너무 신기했다. 나는 지금 나의 버킷 리스트를 달성해서 기분이 좋다."

2023.7.28. 〈오늘의 뉴스〉, 딸

여러 출판사에서 전집으로 나오는 세계여행 그림책 시리즈는 어린이용 가이드북 개념으로 아이와 함께 읽어보기 좋다. 초등학교 2학년 1학기 통합교과 '세계'에는 나라별 수도와 국기, 전통의상, 전통음식, 자연환경에 따른 다양한 거주형태 등 세계 각국의 흥미로운 문화가 소개된다. 세계여행그림책은 교과 과정에 충실하게 구성되어 있어서 예습과 복습 차원에서 읽어봐도 유익하다. 뛰어난 자연경관을 갖춘 스위스를 여행할 때는 지구 온난화와 관련된 그림책도 함께 읽는 것이 좋다. 여행 중에 나는 아이들에게 알프스나 히말라야 같은 높은 산 위의 만년설도 빙하의 일종이라는 점을 설명해 주었다. 지구 온난화로 인해 빙하가 녹으면 어떤 일이 생길지 대화를 나누기도 했다. 모든 것은 아는 만큼 보이는 법이다. 아이가 가진 배경지식에 따라 여행의 깊이와 대화의 수준이 달라진다.

● 여행 전 함께 보면 좋은 책 & 영상

	도서명	저자	출판사
스위스 배경 그림책	알프스의 소녀 하이디	요하나 슈피리	그레이트북스
	까만 아기 양	엘리자베스 쇼	푸른그림책
	소쉬르, 몽블랑에 오르다	피에르 장지위스	책빛
역사와 문화	사실은 말이야	김태연	아람북스
	알프스에 찍힌 공룡 발자국	안영은	한국톨스토이
	납치된 가족은 누구?	김빈애	이수
지구 온난화	빙하가 사라진 내일	로지 이브	한울림어린이
	펭귄의 집이 반으로 줄었어요	채인선·김진만	위즈덤하우스
	북극곰 윈스턴, 지구 온난화에 맞서다!	진 데이비스 오키모토	한울림어린이
	우리의 섬 투발루	민이오	크레용하우스
	투발루에게 수영을 가르칠 걸 그랬어!	유다정	미래아이

산밖에 없는 스위스는 어떻게 부자나라가 되었나?
유튜브 〈지식 브런치〉

알프스 빙하, 2100년엔 못 본다?
KBS1 〈세계는 지금〉

전쟁과 평화의 여정, 독일

독일도 그림책 투어를 즐기기 좋은 나라 중 하나다.《브레멘음악대》의 브레멘,《피리 부는 사나이》의 하멜른,《라푼젤》의 트렌델부르크,《헨젤과 그레텔》의 슈바르츠발트 등 유명 작품의 배경이 된 곳이 모두 '그림 형제의 나라' 독일에 있기 때문이다.

독일 버킷 리스트를 정리할 때도 여러 출판사에서 나온 어린이 대상 여행 그림책을 찾아 읽었는데, 아이들이 특히 좋아했던 책은《베힐레의 전설》이었다. 이 책은 외지인이 베힐레에 발이 빠지면 프라이부르크 사람과 결혼해야 한다는 전설을 중심으로, 프라이부르크에 사는 이모를 방문한 한국 아이의 시점에서 이야기가 전개된다. 베힐레, 숲 놀이터, 차 없는 거리, 태양광 주택 등 초록 도시 프라이부르크를 이해하는 데 도움이 되는 다양한 이야기가 담겨 있어 미취학 아동과 초등학교 저학년 학생에게 좋은 안내서다.

글이 많은 책에 익숙한 아이라면《무지개 도시를 만드는 초록 슈퍼맨》도 좋다. 이 책은 프라이부르크가 '환경 수도'로 거듭나는 과정과 주요 환경 랜드마크에 관한 이야기를 상세히 묘사하고 있다. 아이들은 책을 읽으며 베힐레 수로에 배를 띄우고 구도심의 차 없는 거리를 걷는 상상을 했다. 꿈꾸던 순간이 현실이 될 때, 아이들은 더 적극적으로 탐색하고 즐기며 많은 것을 배우고 흡수한다. 여행 사교육이 빛을 발하는 순간이다.

"오늘은 베힐레에서 나무 보트를 띄웠다. 베힐레의 전설은 물에 빠지면 프라이부르크에서 결혼해야 된다는 거다. 그게 엄청 웃기다. 그런데 베힐레에도 여러

책으로 먼저 떠나는 여행

생물이 있었다. 바로 작은 새우와 우렁이었다. 베힐레에도 생물이 있는 게 신기했다."

2023.7.31. 〈오늘의 뉴스〉, 아들

"오늘은 프라이부르크 구도심에서 '수원시'라고 써져 있는 바닥 간판을 봤는데, 우리나라의 수원시랑 프라이부르크가 자매도시라는 사실이 자랑스러웠다. 사실 우리나라 수원시랑 프라이부르크는 2015년부터 자매도시였다고 한다."

2023.8.2. 〈오늘의 뉴스〉, 딸

우리는 전쟁, 특히 제2차 세계대전에 관한 그림책도 열심히 읽었다. 독일은 제1차 세계대전의 주요 참전국이자 제2차 세계대전의 추축국이기 때문이다. 그림책을 통해 히틀러와 홀로코스트 문제, 동독과 서독의 분열, 베를린장벽의 역사를 따라가다 보면, 어느 틈에 일제강점기를 지나 한국전쟁과 남북분단 문제까지 공부하게 된다.

제2차 세계대전을 심도 있게 알고 싶다면 다음 영상 자료를 추천한다. tvN 〈알쓸신잡〉 시즌3 프라이부르크 편에는 제2차 세계대전의 흔적과 생태마을 보봉이 소개되는데, 프라이부르크라는 도시가 가진 상징적 의미를 압축적으로 이해할 수 있는 유익한 영상이다. 제2차 세계대전 내용이 담긴 책을 충분히 읽고 나서 JTBC 〈세계다크투어〉 안네의 일기 편으로 전체 맥락을 정리해보는 것도 좋다.

여기서 한 걸음 더 나아간다면 전쟁이 기후위기와 생물다양성에 미치는 영향을 함께 알아보는 일도 흥미로울 것이다. 근래에도 러시아-우크라이나 전쟁, 이스라엘-하마스 전쟁을 뉴스로 자주 접해서인지, 아이들은 생각보다 전쟁 문제에 관심이 많다. 《아빠, 왜 히틀러에게 투표했어요?》를 비롯해 제2차 세계대전과 관련된 책들은 꽤 묵직한 주제를 다루고 있다. 당시 초등학교 2학년이었던 아들은 책의 내용을 얼마나 이해했을까? 그런 궁금증이 있던 차에 프랑크푸르트 시내 한복판에 세워진 설치작품인 베를린장벽 조각을 사이에 두고 두 아이가 각각 동독과 서독에 있다는 설정으로 역할놀이 하는 모습을 보며 의문이 풀렸다.

> **아들** 누나, 들려? 나는 서쪽에 있어!
>
> **딸** 나는 동쪽에 있어! 우리 동독은 가난해.
>
> **아들** 우리 서독은 부자야. 부럽지롱~!

아이들은 저마다의 배경지식을 바탕으로 여행을 재구성한다. 파리의 북한 식당에서 음식을 주문할 때 언어장벽 없이 말이 통한다는 사실에 놀라던 아이들 모습이 떠오른다. 베를린장벽 조각은 독일뿐 아니라 서울 청계천에도 있다. 만약 아이와 함께 이 조각을 마주할 기회가 있다면 남과 북이 삼팔선을 허물고 교류하면 어떤 일이 생길지 이야기를 나눠보자.

● 여행 전 함께 보면 좋은 책 & 영상

	도서명	저자	출판사
역사와 문화	베힐레의 전설	장선혜	아람북스
	우리는 동화 마을 방위대	양대승	이수
	길을 따라 알아보는 독일	김태연	아람북스
제2차 세계대전/ 전쟁	안네 프랑크	해리엇 캐스터	비룡소
	안나의 빨간 외투	해리엇 지퍼트	비룡소
	두 개의 독일	클레어 렌코바	리잼
	베를린 장벽이 무너진 날	아델 타리엘	한울림어린이
	아빠, 왜 히틀러한테 투표했어요?	디디에 데냉크스	봄나무
	적	다비드 칼리	문학동네
	나의 히로시마	준코 모리모토	도토리나무
	어머니의 감자 밭	아니타 로벨	비룡소
	대포 속에 들어간 오리	조이 카울리	베틀북
	더 커다란 대포를	후타미 마사나오	한림출판사
일제 강점기/ 한국전쟁	미안해, 독도 강치야!	윤문영	주니어파랑새
	새끼 표범	강무홍	한울림어린이
	엄마에게	서진선	보림
	돌아온 두루미	이연실	봄봄
	통일의 싹이 자라는 숲	전영재	마루벌

환경	무지개 도시를 만드는 초록 슈퍼맨	김영숙	위즈덤하우스

알쓸신잡 독일편 tvN	
세계 다크투어 7회 살아 남기 위한 처절한 도피일기 〈안네의 일기〉 JTBC	

후회 없는 육아를
꿈꾸며

여행은 준비할 때 마음이 가장 설렌다. 막상 여행하다 보면 신나고 즐거운 순간만 있는 것도 아니고, 가끔은 내가 집 나와서 이게 무슨 고생인가 싶을 때도 있다. 그래도 여행을 마치고 집에 돌아오는 순간, 우리는 다시 새로운 여행을 꿈꾼다.

나는 여행의 이런 과정이 육아와 참 많이 닮아 있다고 생각한다. 그러나 여행과 육아 사이에는 가장 큰 차이점이 있다. 여행이야 언제든 다시 가면 되지만, 육아는 단 한 번밖에 기회가 없다는 것이다.

여행 이야기의 숨은 주인공은 나의 남편이자 아이들의 아빠다. 서유럽 여행은 어쩔 수 없는 사정으로 내가 아이들을 데리고 다녔지만, 산에 오르고 바다를 탐험하고 해안가 쓰레기를 줍는 모든 여정에는 남편이 함께 있었다.

남편은 긴 시간 묵묵히 운전대를 잡아주었고, 아이들 걱정으로 마음이 흔들리는 날에는 내 마음도 꼭 잡아주었다. 육아는, 특히 느린 아이를 양육하는 일은 엄마 한 사람의 희생과 노력으로 해내기 힘든 일이다. 그런 점에서 육아와 교육에 대해 비슷한 가치관을 가진 동반자와 이 길을 함께 걸어갈 수 있다는 것은 내 인생 최고의 행운 이다.

지난날을 돌아볼 때 아이들과 함께한 시간이 반짝이고 행복한 기억들로 가득했으면 좋겠다. 언젠가 우리가 먼저 세상을 떠나도, 아이들이 추억의 장소에 갈 때마다 그곳에서 엄마, 아빠와의 즐거웠던 기억을 떠올렸으면 좋겠다.

그래서 우리 부부는 헨젤과 그레텔이 하얀 조약돌로 집에 돌아가는 길을 표시해 둔 것처럼, 아이들과 함께하는 걸음마다 반짝이는 별 가루를 뿌려둔다.

훗날 아이들이 인생의 어두운 골목에서 길을 잃고 헤매다가 바닥에 털썩 주저앉는 바로 그 순간에, 희미하게 반짝이는 별빛을 발견하고 다시 일어설 용기를 얻었으면 좋겠다.

우리 가족에게 여행은
사랑의 또 다른 이름이다.

후회없는 육아를 꿈꾸며

1 공교육의 붕괴 상황을 보다 못한 국왕이 옥스퍼드와 케임브리지 대학에 서한을 보내 시대의 흐름에 부합하는 새로운 커리큘럼과 교수진의 교체를 주문할 정도였다. 애덤 스미스, 존 로크 등 당대 최고 지식인들은 그랜드 투어의 동행교사로 활동하기도 한 사교육 예찬론자다.(설혜심, 《그랜드투어 : 엘리트교육의 최종단계》, 휴머니스트, 2020)

2 2018년 네이처지에 발표된 국제 관광의 탄소발자국을 추적한 논문이다. (Manfred Lenzen 외 5인, 〈The carbon footprint of global tourism〉, nature climate change, 2018)

3 「애니멀피플 : 우리나라는 철새들의 '허브 공항'이래요」, 한겨레, 2018.05.12.

4 제주특별자치도 세계유산본부, 〈최근 4년간 한라산 구상나무의 분포변화〉, 제21호 조사연구 보고서, 2022.

5 당시 프랑스 통치자였던 나폴레옹 3세는 런던에 머물 때 오래된 구역을 정비해 넓은 길을 내고 시내녹지를 조성한 것에 깊은 감명을 받았으며, 오스만 남작에게 파리의 전면적 근대화 사업을 지시했다.(주경철, 《도시여행자를 위한 파리 역사》, 휴머니스트, 2019)

6 한국건설산업연구원, 〈건설산업의 성공적 탄소중립 추진전략〉, 2022.

7 파리 상수도사업본부, www.eaudeparis.fr

8 환경부, 〈2021 수돗물 먹는 실태조사 결과보 고서〉, 2021.

9 「과일·채소 '못난이' 판정에 농가소득 연간 최대 5조 날아간다」, 서울신문, 2020. 8. 24.

10 「과일 물가 폭등에 흠 있는 '못난이 과일' 인기… 푸드 리퍼브 시장 커져」, 헬스조선, 2024. 4. 12.

11 「파리의 벼룩시장Marche aux Puces de Paris at St-Ouen」, BONJOUR PARIS, 2011. 11. 18.

12 「한국이 분리수거를 잘한다?… 재활용률 70%의 '함정'」, 이데일리, 2022. 9. 4.

13 「개도국 뒤덮은 선진국 '헌 옷 쓰레기'… 한국도 책임 있다」, 아시아경제, 2022. 7. 30.

14 「빙하 소멸에 절박한 스위스… '탄소 감축' 혁신 나섰다」, SBS뉴스, 2023. 11. 27.

15 그레타 툰베리, 〈3.8 모두가 한배를 타고 있는 건 아니다〉, 《기후 책》, 김영사, 2023.

16 앞의 책, 아브람 러스트가튼, 〈3.11 기후난민〉, 213~218쪽.

17 김영숙, 《무지개도시를 만드는 초록슈퍼맨》, 위즈덤하우스, 2015.

18 6과 동일자료, 65쪽.

19 남재작, 《식량위기 대한민국》, 웨일북, 2022.

20 한국환경연구원, 〈국제 플라스틱 규제 동향〉, KEI 해외환경정책동향, 2022-02호.

21 국가별로 상이한 통계기준을 보정하고 아시아·아프리카 사망자가 과소 추산됐을 것을 감안한 최대한의 추산치다.(장 로페즈·니콜라 오뱅·뱅상 베르나르·니콜라 기유라. 《제2차 세계대전 인포그래픽》, (주)북이십일 레드리버, 2021)

22 「환경오염 일으키는 전쟁… 알프스 빙하 속 '비스무트'도 전쟁 흔적」, 중앙일보, 2023. 2. 4.

23 21과 같은 책, 160~161쪽.

24 전성원, 《하루 교양 공부》, 유유, 2022.

25 슈톨퍼슈타인 사무국 웹사이트, www.stolpersteine.eu

26 「마을이 난민을 구한다」, 일다, 2019. 1. 15.

잘 키우고 싶어서 아이와 여행하는 중입니다
기후위기 시대에 꼭 필요한 여행 사교육 안내서

1판 1쇄 펴낸날 2024년 12월 12일

지은이   정미연

펴낸이   이미경
펴낸곳   도서출판 슬로비
              등록 제2013-000148호
              전화 070.4413.3037
              팩스 0303.3447.3037
              메일 slobbiebook@naver.com
              블로그 blog.naver.com/slobbiebook
              스마트스토어 smartstore.naver.com/slobbiebook

모니터링   최문희 윤은미 김이초
디자인   studio fttg
사진   78쪽: iStock.com/Andi Edwards
제작   올인피앤비

isbn   979.11.87135.35.7(03590)

이 책의 표지는 비목재 펄프를 함유한 재생지(FSC 인증 종이)를
사용해 환경에 부담이 덜하고, 종이가 다시 종이로 재생될 수
있도록 코팅을 하지 않았습니다. 책에 상처가 보이더라도
따뜻한 마음으로 안아 주세요.